建筑工程细部做法与质量标准
机电安装分册

北京住总集团有限责任公司　组织编写

周泽光　谢夫海　主编

中国建筑工业出版社

图书在版编目（CIP）数据

建筑工程细部做法与质量标准. 机电安装分册 / 周泽光，谢夫海主编；北京住总集团有限责任公司组织编写. —北京：中国建筑工业出版社，2023.12（2024.5 重印）
ISBN 978-7-112-29233-2

Ⅰ. ①建… Ⅱ. ①周… ②谢… ③北… Ⅲ. ①房屋建筑设备-机电设备-设备安装-细部设计②房屋建筑设备-机电设备-设备安装-工程质量-质量标准 Ⅳ. ①TU

中国国家版本馆 CIP 数据核字（2023）第 184376 号

责任编辑：张幼平　费海玲
责任校对：王　烨

建筑工程细部做法与质量标准　机电安装分册
北京住总集团有限责任公司　组织编写　　周泽光　谢夫海　主编
*
中国建筑工业出版社出版、发行（北京海淀三里河路 9 号）
各地新华书店、建筑书店经销
北京科地亚盟排版公司制版
天津裕同印刷有限公司印刷
*
开本：880 毫米×1230 毫米　横 1/32　印张：9　字数：256 千字
2024 年 1 月第一版　　2024 年 5 月第二次印刷
定价：**95.00** 元
ISBN 978-7-112-29233-2
（41953）

版权所有　翻印必究

建筑工程细部做法与质量标准　机电安装分册

总 顾 问　杨健康

执行主编　朱晓伟　胡延红

副 主 编　叶　健　朱晓锋　赵光硕　张兆龙　张智宏　刘　淳
　　　　　　付文瑞

编写人员（按姓氏笔画排序）

　　　　　　万　霞　于晓彪　马　跃　马雪生　田春城　代　云
　　　　　　那向东　张宝凯　陈　超　陈泽红　何　威　周　斌
　　　　　　单志利　杨子奇　荣　耀　徐尚玲　顾会杰　谢　跃
　　　　　　温秉文　董子涵　董启明

前　言

一、编制目的

为进一步提升建筑工程质量水平，规范细部节点做法，推进质量标准化管理，特编制本图册。

二、适用范围

1. 本图册适用所有建筑工程项目。

2. 本标准化图册是建筑工程质量验收的推荐标准。

三、主要内容

1. 本图册主要内容：通用部分、通风与空调工程、给水排水工程、电气工程重点部位细部做法。

2. 机电安装工程质量重点部位包括屋面、标准层、管井、地下室、设备机房等。

四、管理要求

1. 加强工程质量策划管理。机电安装工程施工前，施工单位必须对工程的设计图纸、深化图纸以及BIM效果图进行预控审核，依据相关质量标准确定节点做法。

2. 坚持样板引路制度。机电安装工程施工前应做样板间（段），经建设单位、总承包单位、监理单位共同确认后方可大面积施工。

3. 加强物资进场质量管理。工程所用机电安装材料必须有产品合格证、质量检验报告等质量证明资料，需要复试的材料应复试合格。

4. 本图册有关节点详图标准尺寸单位除特别注明外，均为 mm。

五、编制依据

1.《建筑工程施工质量验收统一标准》GB 50300-2013

2.《通风与空调工程施工质量验收规范》GB 50243-2016

3.《通风与空调工程施工规范》GB 50738-2011

4.《建筑防烟排烟系统技术标准》GB 51251-2017

5.《民用建筑供暖通风与空气调节设计规范》GB 50736-2012

6.《建筑节能与可再生能源利用通用规范》GB 55015-2021

7.《建筑与市政工程施工质量控制通用规范》GB 55032-2022

8.《建筑给水排水与节水通用规范》GB 55020-2021

9.《建筑给水排水及采暖工程施工质量验收规范》GB 50242-2002

10.《给水排水管道工程施工及验收规范》GB 50268-2008

11.《建筑给水排水设计标准》GB 50015-2019

12.《消防设施通用规范》GB 55036-2022

13.《自动喷水灭火系统施工及验收规范》GB 50261-2017

14.《消防给水及消火栓系统技术规范》GB 50974-2014

15.《建筑电气工程施工质量验收规范》GB 50303-2015

16.《建筑电气与智能化通用规范》GB 55024-2022

17. 《建筑设计防火规范》GB 50016-2014

18. 《电气装置安装工程电气设备交接试验标准》GB 50150-2016

19. 《建筑物防雷工程施工与质量验收规范》GB 50601-2010

20. 《建筑电气照明装置施工验收规范》GB 50617-2010

21. 《电气装置安装工程电缆线路施工及验收规范》GB 50168-2018

22. 《电气装置安装工程接地装置施工及验收规范》GB 50169-2016

23. 《消防应急照明和疏散指示系统技术标准》GB 51309-2018

24. 《建筑节能工程施工质量验收规范》GB 50411-2019

25. 《民用建筑电气设计标准》GB 51348-2019

26. 《建筑防火封堵应用技术标准》GB/T 51410-2020

27. 《北京市安装工程标识标准》T/BCAT 0001-2021

目 录

第一部分　通用部分

1.通用 部分	1.1 支、吊架
1.1.1 支、吊架 制作	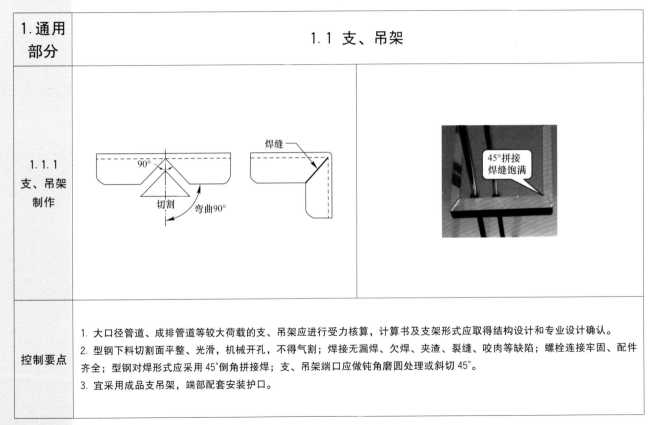

控制要点

1. 大口径管道、成排管道等较大荷载的支、吊架应进行受力核算，计算书及支架形式应取得结构设计和专业设计确认。

2. 型钢下料切割面平整、光滑，机械开孔，不得气割；焊接无漏焊、欠焊、夹渣、裂缝、咬肉等缺陷；螺栓连接牢固、配件齐全；型钢对焊形式应采用 45°倒角拼接焊；支、吊架端口应做钝角磨圆处理或斜切 45°。

3. 宜采用成品支吊架，端部配套安装护口。

1.通用部分	1.1 支、吊架
1.1.2 支、吊架 安装	
控制要点	1. 各专业支、吊架形式，生根形式，固定方式，面层颜色等应统一。 2. 支、吊架应固定在建筑结构上。 3. 支、吊架安装应保持垂直，整齐牢固，无歪斜；成排支、吊架安装应成行。 4. 屋面、设备机房等部位的落地支架根部应做护墩，宜采用方形墩。

1. 通用 部分	1.1 支、吊架
1.1.3 风管支、 吊架	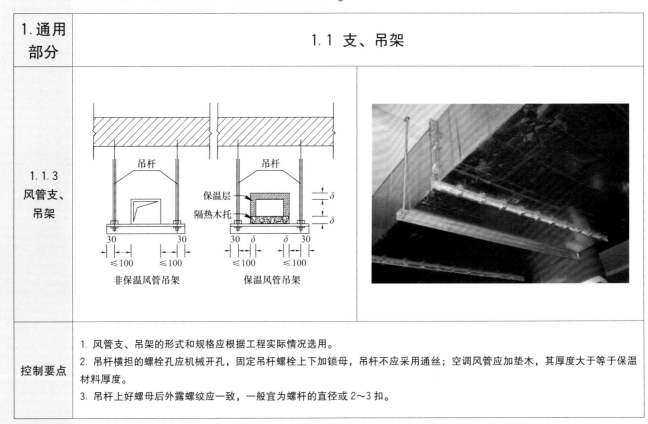

| 控制要点 | 1. 风管支、吊架的形式和规格应根据工程实际情况选用。
2. 吊杆横担的螺栓孔应机械开孔，固定吊杆螺栓上下加锁母，吊杆不应采用通丝；空调风管应加垫木，其厚度大于等于保温材料厚度。
3. 吊杆上好螺母后外露螺纹应一致，一般宜为螺杆的直径或2～3扣。 |

1.通用 部分	1.1 支、吊架
1.1.4 风管防晃 支架	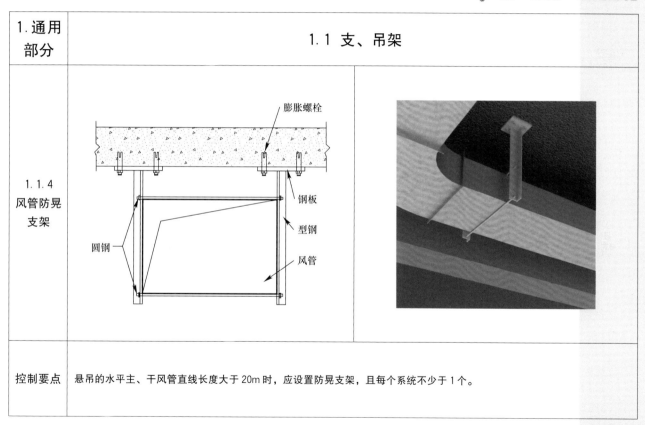
控制要点	悬吊的水平主、干风管直线长度大于 20m 时，应设置防晃支架，且每个系统不少于 1 个。

图中标注：膨胀螺栓、钢板、型钢、风管、圆钢

1.通用 部分	1.1 支、吊架	
1.1.5 风管落地 支架	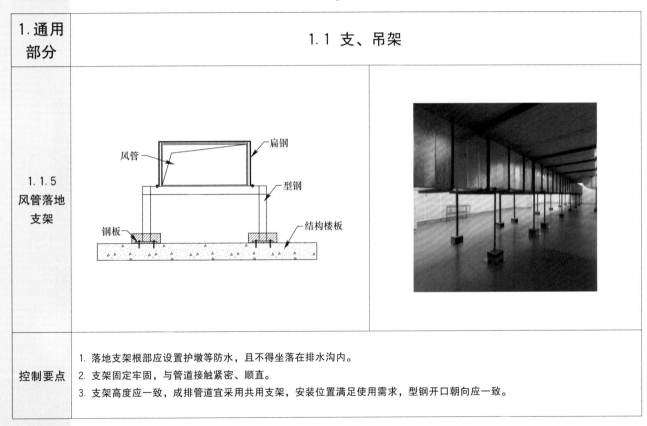	
控制要点	1. 落地支架根部应设置护墩等防水，且不得坐落在排水沟内。 2. 支架固定牢固，与管道接触紧密、顺直。 3. 支架高度应一致，成排管道宜采用共用支架，安装位置满足使用需求，型钢开口朝向应一致。	

1.通用 部分	1.1 支、吊架
1.1.6 水管 支吊架	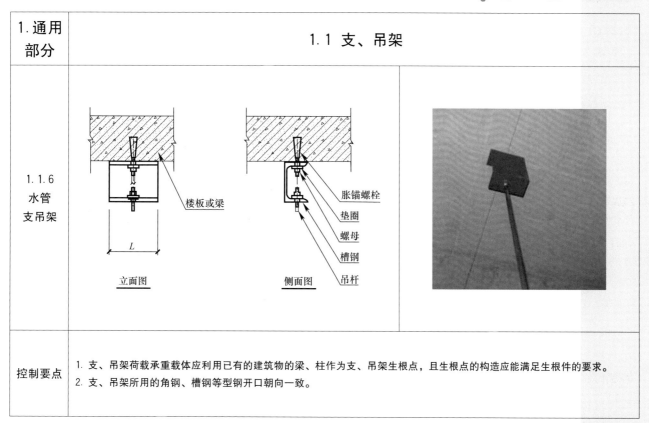 立面图　　　　侧面图
控制要点	1. 支、吊架荷载承重载体应利用已有的建筑物的梁、柱作为支、吊架生根点，且生根点的构造应能满足生根件的要求。 2. 支、吊架所用的角钢、槽钢等型钢开口朝向一致。

（立面图、侧面图标注）楼板或梁　胀锚螺栓　垫圈　螺母　槽钢　吊杆　L

1.通用 部分	1.1 支、吊架	
1.1.7 绝热管道 木托做法	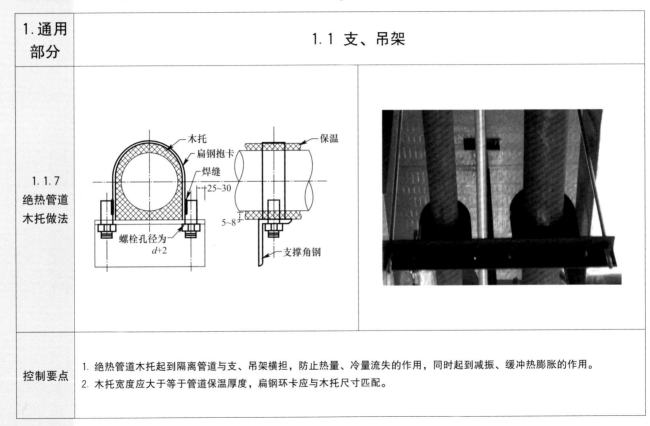	
控制要点	1. 绝热管道木托起到隔离管道与支、吊架横担，防止热量、冷量流失的作用，同时起到减振、缓冲热膨胀的作用。 2. 木托宽度应大于等于管道保温厚度，扁钢环卡应与木托尺寸匹配。	

1.通用 部分	1.1 支、吊架	
1.1.8 电气导管 支吊架	 圆钢吊杆 抱式管卡 钢管	
控制要点	1. 导管采用金属吊架固定时，圆钢直径不应小于 8mm。 2. 吊顶内吊架宜在线路的中部设置 L30×3 防晃支架，线路端部 300～500mm 处应设置刚性的固定支架。 3. 成排配管多于 2 根时，应采用角钢支架固定，导管间距均匀，间距不小于 10mm。	

1. 通用 部分	1.1 支、吊架
1.1.9 槽盒 支吊架	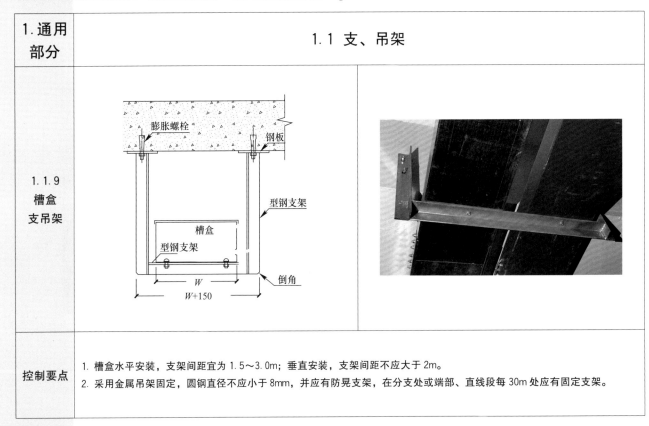

控制要点

1. 槽盒水平安装，支架间距宜为 1.5～3.0m；垂直安装，支架间距不应大于 2m。
2. 采用金属吊架固定，圆钢直径不应小于 8mm，并应有防晃支架，在分支处或端部、直线段每 30m 处应有固定支架。

1.通用 部分	1.1　支、吊架
1.1.10 母线槽支、 吊架	
控制要点	母线槽水平安装： 1. 母线槽始端在墙上应使用"TT"型支架，母线槽转弯处、与箱（盘）连接处以及末端悬空时应增设支架。 2. 水平安装的支、吊架应高度一致，支架之间的间距不应大于2m，每个单元母线的支架不应少于1个，距母线槽转弯0.4～0.6m处应设置支架。 3. 固定点不应设置在母线槽的连接处或分接单元处。

1. 通用部分	1.1 支、吊架
1.1.10 母线槽支、吊架	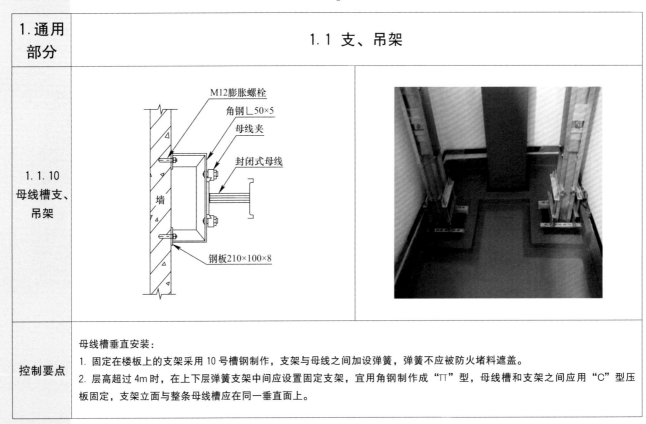

图中标注：M12膨胀螺栓、角钢∟50×5、母线夹、封闭式母线、墙、钢板210×100×8

控制要点

母线槽垂直安装：

1. 固定在楼板上的支架采用 10 号槽钢制作，支架与母线之间加设弹簧，弹簧不应被防火堵料遮盖。

2. 层高超过 4m 时，在上下层弹簧支架中间应设置固定支架，宜用角钢制作成"Π"型，母线槽和支架之间应用"C"型压板固定，支架立面与整条母线槽应在同一垂直面上。

1.通用 部分	1.1 支、吊架
1.1.11 管道综合 支架	
控制要点	1. 成排管道安装前需进行优化，根据管道的根数、位置、标高、走向，预留好管道的操作、维护空间，确定综合支架的形式、尺寸和安装间距。 2. 根据管道综合布置的层次确定各功能管道的施工顺序：先上后下，先内侧后外侧。

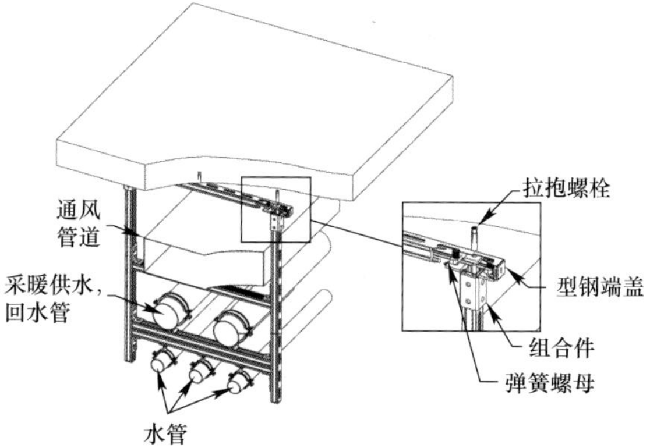

图中标注：拉抱螺栓、通风管道、采暖供水，回水管、型钢端盖、组合件、弹簧螺母、水管

1.通用部分	1.2 套管安装
1.2.1 风管穿墙套管	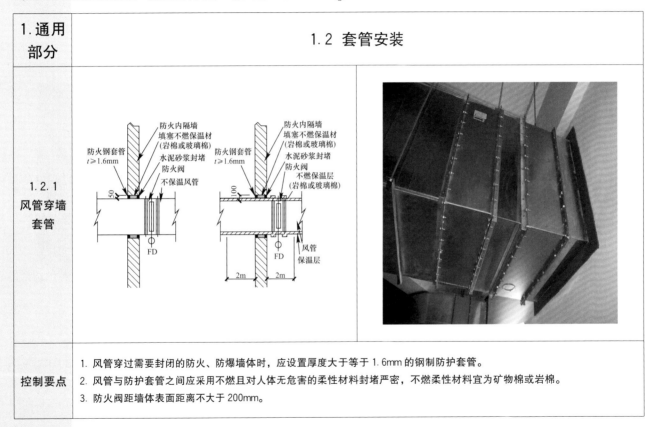

控制要点

1. 风管穿过需要封闭的防火、防爆墙体时，应设置厚度大于等于1.6mm的钢制防护套管。

2. 风管与防护套管之间应采用不燃且对人体无危害的柔性材料封堵严密，不燃柔性材料宜为矿物棉或岩棉。

3. 防火阀距墙体表面距离不大于200mm。

1.通用 部分	1.2　套管安装
1.2.2 风管穿 楼板套管	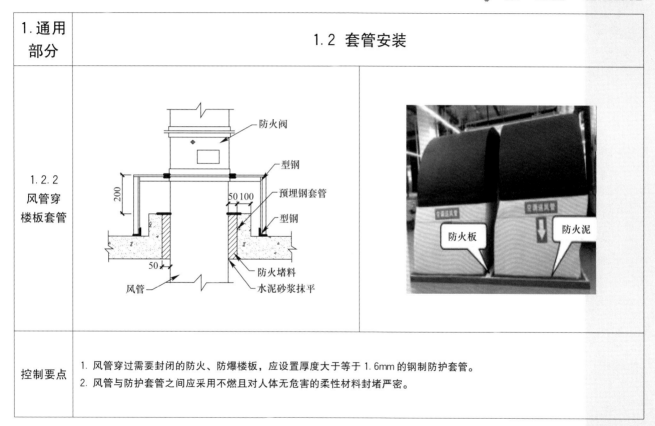
控制要点	1. 风管穿过需要封闭的防火、防爆楼板，应设置厚度大于等于 1.6mm 的钢制防护套管。 2. 风管与防护套管之间应采用不燃且对人体无危害的柔性材料封堵严密。

1.通用 部分	1.2 套管安装
1.2.3 水管穿墙 套管	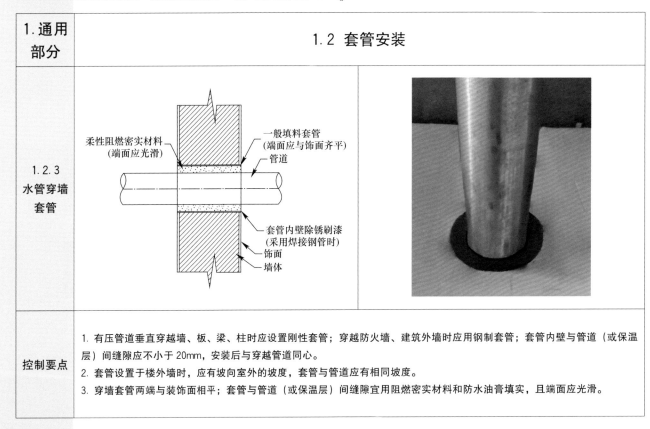

控制要点	1. 有压管道垂直穿越墙、板、梁、柱时应设置刚性套管；穿越防火墙、建筑外墙时应用钢制套管；套管内壁与管道（或保温层）间缝隙应不小于20mm，安装后与穿越管道同心。 2. 套管设置于楼外墙时，应有坡向室外的坡度，套管与管道应有相同坡度。 3. 穿墙套管两端与装饰面相平；套管与管道（或保温层）间缝隙宜用阻燃密实材料和防水油膏填实，且端面应光滑。

1.通用部分	1.2 套管安装
1.2.4 水管穿楼板套管	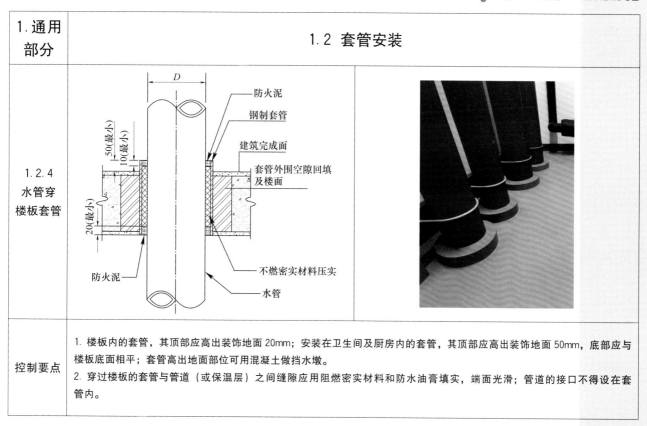

控制要点

1. 楼板内的套管，其顶部应高出装饰地面20mm；安装在卫生间及厨房内的套管，其顶部应高出装饰地面50mm，底部应与楼板底面相平；套管高出地面部位可用混凝土做挡水墩。

2. 穿过楼板的套管与管道（或保温层）之间缝隙应用阻燃密实材料和防水油膏填实，端面光滑；管道的接口不得设在套管内。

1.通用部分	1.2 套管安装

<table>
<tr><td rowspan="1">1.2.5
防水套管</td><td></td></tr>
</table>

控制要点

1. 外墙刚性防水套管内墙侧应与墙面齐平；柔性防水套管内墙侧应露出套管法兰，法兰压盖螺栓齐全；屋面防水套管底部应与楼板底齐平，上部高出屋面完成面300mm。

2. 刚性防水套管与管道缝隙应用油麻填实中部，两侧洞口应水泥捻口；柔性防水套管迎水面侧应用柔性填缝材料（沥青麻丝、聚苯乙烯板、聚氯乙烯塑料泡沫板等）填实并用密封膏嵌缝，法兰压盖侧应用橡胶密封圈填实；屋面防水套管与管道缝隙应用防水填料（聚氨酯或发泡聚乙烯等材料）填实，并在顶部用密封胶封严。

1.通用部分	1.2 套管安装

1.2.6 强弱电进户套管	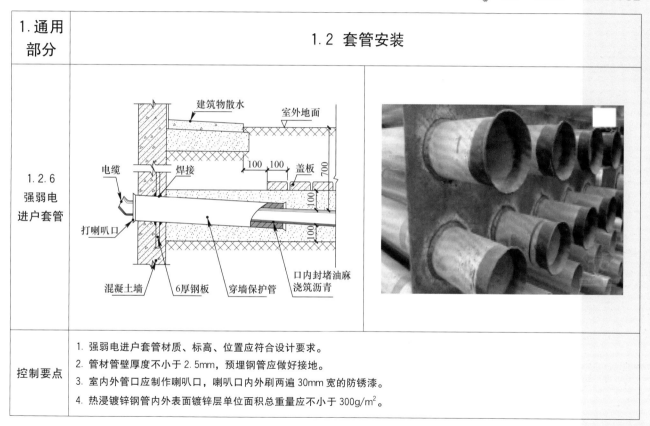

控制要点	1. 强弱电进户套管材质、标高、位置应符合设计要求。 2. 管材管壁厚度不小于 2.5mm，预埋钢管应做好接地。 3. 室内外管口应制作喇叭口，喇叭口内外刷两遍 30mm 宽的防锈漆。 4. 热浸镀锌钢管内外表面镀锌层单位面积总重量应不小于 300g/m²。

1.通用 部分	1.2 套管安装

1.2.7 人防密闭 套管	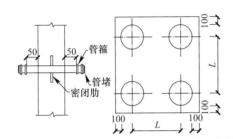

序号	热镀锌钢管	管距尺寸
	公称直径/mm	L/mm
1	20	50
2	25	50
3	32	60
4	40	75
5	50	100

控制要点	1. 人防结构密闭墙上的钢管应做密闭处理，管材应选用热镀锌钢管，管壁厚度不小于2.5mm。密闭肋为3～10mm厚的热镀锌钢板，与热镀锌钢管双面焊接，同时应与结构钢筋焊牢。 2. 人防密闭套管端部需安装管帽。 3. 密闭套管的安装方向、位置应正确。

1.通用 部分	1.3 防火封堵
1.3.1 风管穿墙、 楼板防火 封堵	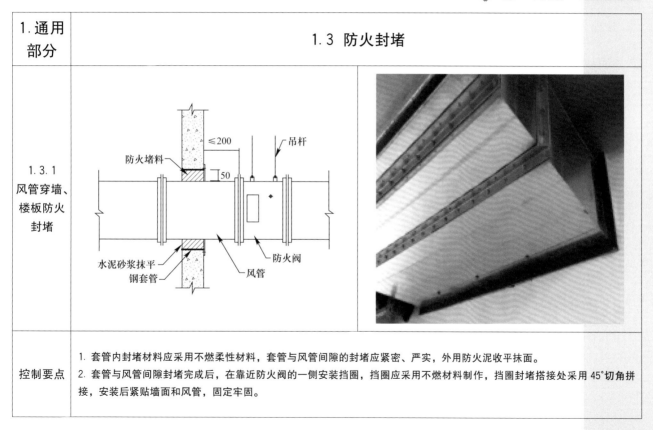
控制要点	1. 套管内封堵材料应采用不燃柔性材料，套管与风管间隙的封堵应紧密、严实，外用防火泥收平抹面。 2. 套管与风管间隙封堵完成后，在靠近防火阀的一侧安装挡圈，挡圈应采用不燃材料制作，挡圈封堵搭接处采用45°切角拼接，安装后紧贴墙面和风管，固定牢固。

1.通用 部分	1.3 防火封堵
1.3.2 水管穿墙、 楼板防火 封堵	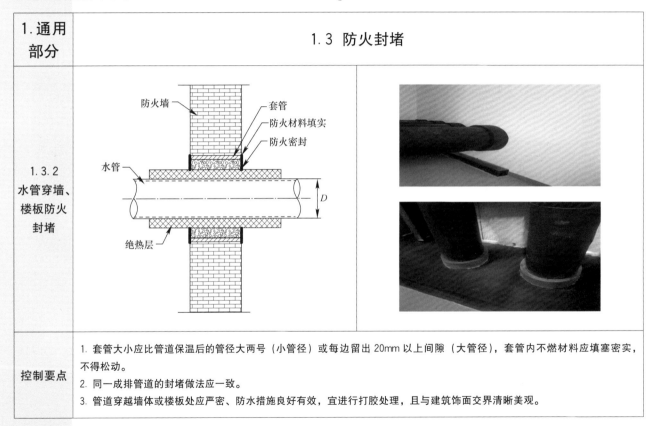
控制要点	1. 套管大小应比管道保温后的管径大两号（小管径）或每边留出 20mm 以上间隙（大管径），套管内不燃材料应填塞密实，不得松动。 2. 同一成排管道的封堵做法应一致。 3. 管道穿越墙体或楼板处应严密、防水措施良好有效，宜进行打胶处理，且与建筑饰面交界清晰美观。

1.通用 部分	1.3 防火封堵
1.3.3 槽盒穿墙 防火封堵	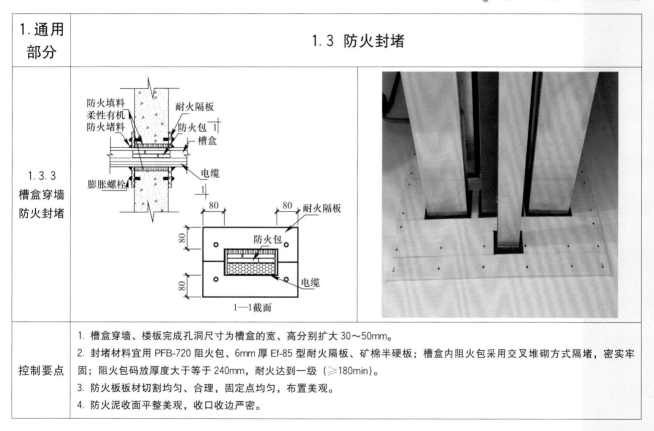

控制要点

1. 槽盒穿墙、楼板完成孔洞尺寸为槽盒的宽、高分别扩大 30～50mm。

2. 封堵材料宜用 PFB-720 阻火包、6mm 厚 Ef-85 型耐火隔板、矿棉半硬板；槽盒内阻火包采用交叉堆砌方式隔堵，密实牢固；阻火包码放厚度大于等于 240mm，耐火达到一级（≥180min）。

3. 防火板材切割均匀、合理，固定点均匀，布置美观。

4. 防火泥收面平整美观，收口收边严密。

1.通用 部分	1.3 防火封堵
1.3.4 槽盒穿 楼板防火 封堵	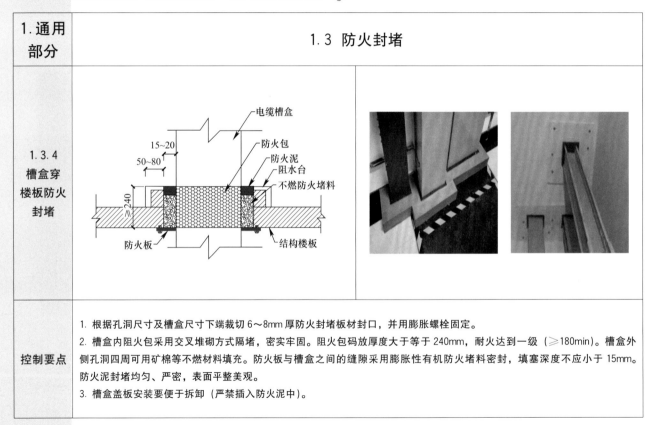

控制要点

1. 根据孔洞尺寸及槽盒尺寸下端裁切 6～8mm 厚防火封堵板材封口，并用膨胀螺栓固定。

2. 槽盒内阻火包采用交叉堆砌方式隔堵，密实牢固。阻火包码放厚度大于等于240mm，耐火达到一级（≥180min）。槽盒外侧孔洞四周可用矿棉等不燃材料填充。防火板与槽盒之间的缝隙采用膨胀性有机防火堵料密封，填塞深度不应小于15mm。防火泥封堵均匀、严密，表面平整美观。

3. 槽盒盖板安装要便于拆卸（严禁插入防火泥中）。

1.通用 部分	1.3　防火封堵

<table>
<tr><td>1.3.5
母线槽
防火封堵</td><td>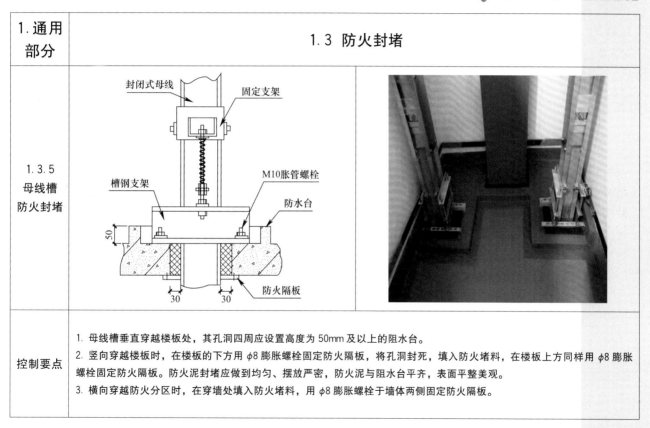</td></tr>
</table>

封闭式母线　固定支架

槽钢支架　M10胀管螺栓

防水台

50

防火隔板

30　30

控制要点	1. 母线槽垂直穿越楼板处，其孔洞四周应设置高度为 50mm 及以上的阻水台。 2. 竖向穿越楼板时，在楼板的下方用 $\phi 8$ 膨胀螺栓固定防火隔板，将孔洞封死，填入防火堵料，在楼板上方同样用 $\phi 8$ 膨胀螺栓固定防火隔板。防火泥封堵应做到均匀、摆放严密，防火泥与阻水台平齐，表面平整美观。 3. 横向穿越防火分区时，在穿墙处填入防火堵料，用 $\phi 8$ 膨胀螺栓于墙体两侧固定防火隔板。

1.通用 部分	1.3　防火封堵
1.3.6 配电柜 进出线 防火封堵	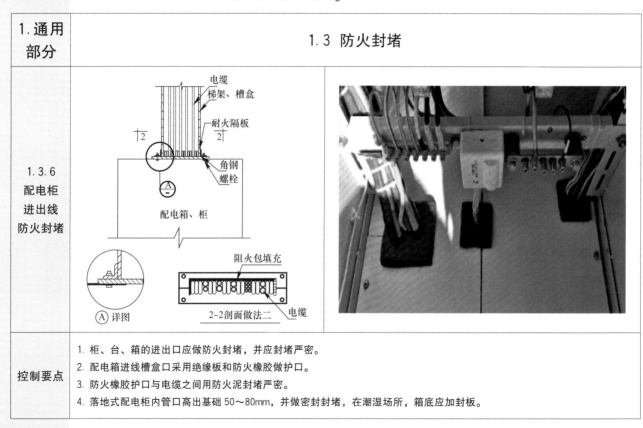

控制要点

1. 柜、台、箱的进出口应做防火封堵，并应封堵严密。
2. 配电箱进线槽盒口采用绝缘板和防火橡胶做护口。
3. 防火橡胶护口与电缆之间用防火泥封堵严密。
4. 落地式配电柜内管口高出基础 50～80mm，并做密封封堵，在潮湿场所，箱底应加封板。

1.通用 部分	1.4　管道跨越伸缩缝安装
1.4.1 风管跨越 伸缩缝 安装	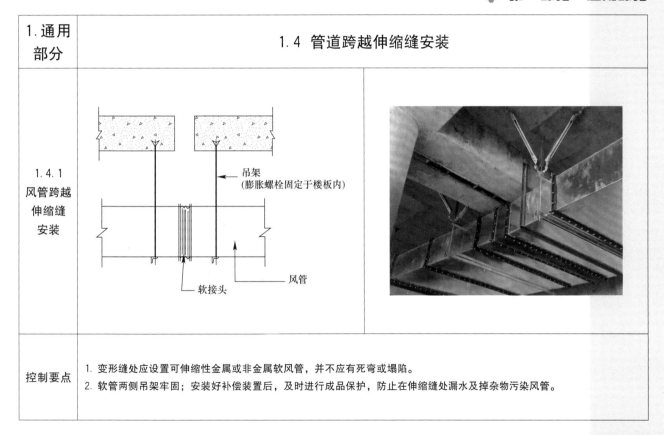
控制要点	1. 变形缝处应设置可伸缩性金属或非金属软风管，并不应有死弯或塌陷。 2. 软管两侧吊架牢固；安装好补偿装置后，及时进行成品保护，防止在伸缩缝处漏水及掉杂物污染风管。

吊架
(膨胀螺栓固定于楼板内)

风管

软接头

1.通用 部分	1.4　管道跨越伸缩缝安装

| 1.4.2
水管跨越
伸缩缝
安装 | 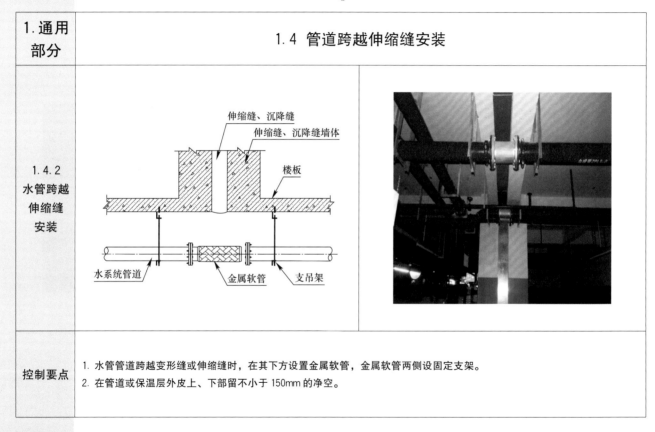 |

控制要点	1. 水管管道跨越变形缝或伸缩缝时，在其下方设置金属软管，金属软管两侧设固定支架。 2. 在管道或保温层外皮上、下部留不小于 150mm 的净空。

1.通用部分	1.4　管道跨越伸缩缝安装

1.4.3 梯架、托盘和槽盒跨越伸缩缝安装	

控制要点	1. 梯架、托盘和槽盒跨越伸缩缝安装伸缩节，其两侧各设置一个支架，支架与伸缩节端部距离小于等于500mm。 2. 采用定制的短节，槽盒间预留20～30mm伸缩缝，将连接板一端的螺栓拧紧，另一端不拧紧（搭接方式）。 3. 在伸缩缝处应采用截面积不小于4mm² 的黄绿色绝缘铜芯软导线做跨接保护联接导体，伸缩节标识清晰。

1. 通用部分	1.4 管道跨越伸缩缝安装

| 1.4.4 可弯曲或柔性导管跨越伸缩缝做法 | 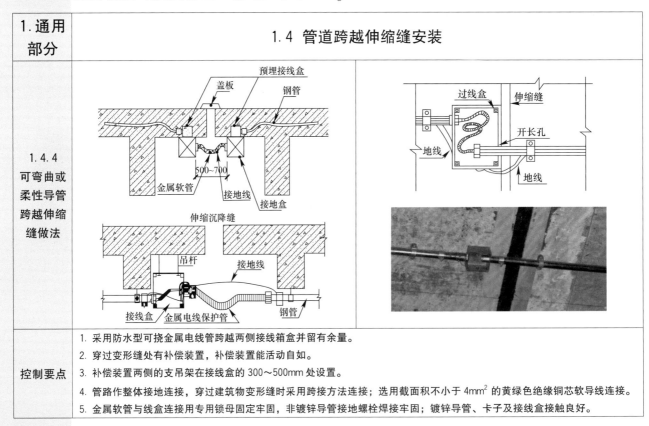 |

控制要点

1. 采用防水型可挠金属电线管跨越两侧接线箱盒并留有余量。

2. 穿过变形缝处有补偿装置，补偿装置能活动自如。

3. 补偿装置两侧的支吊架在接线盒的 300～500mm 处设置。

4. 管路作整体接地连接，穿过建筑物变形缝时采用跨接方法连接；选用截面积不小于 $4mm^2$ 的黄绿色绝缘铜芯软导线连接。

5. 金属软管与线盒连接用专用锁母固定牢固，非镀锌导管接地螺栓焊接牢固；镀锌导管、卡子及接线盒接触良好。

1.通用 部分	1.4　管道跨越伸缩缝安装
1.4.5 接闪带 跨越伸缩 缝做法	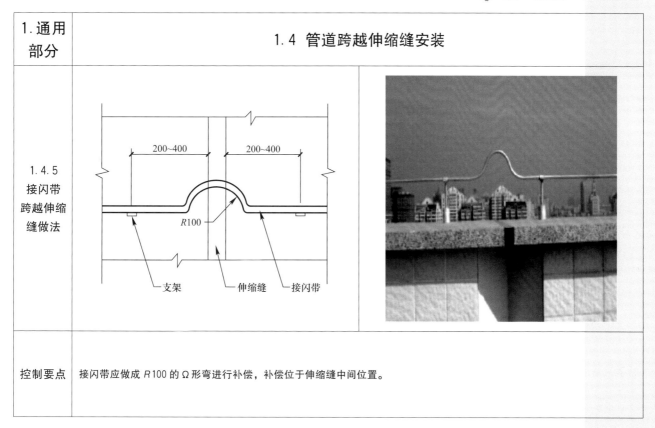
控制要点	接闪带应做成 R100 的 Ω 形弯进行补偿，补偿位于伸缩缝中间位置。

1.通用 部分	1.5 防腐绝热
1.5.1 风管绝热	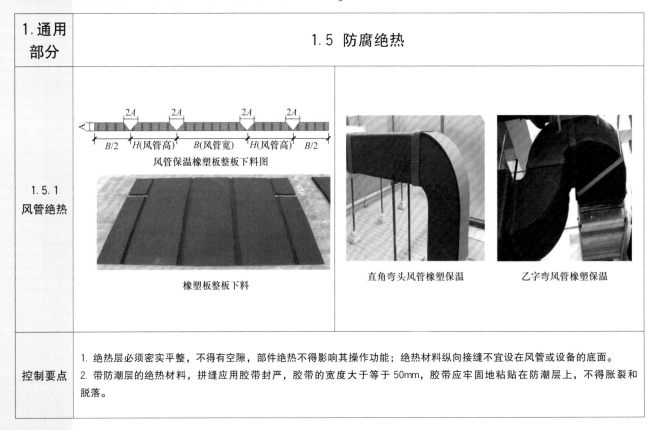 风管保温橡塑板整板下料图 橡塑板整板下料　　直角弯头风管橡塑保温　　乙字弯风管橡塑保温
控制要点	1. 绝热层必须密实平整，不得有空隙，部件绝热不得影响其操作功能；绝热材料纵向接缝不宜设在风管或设备的底面。 2. 带防潮层的绝热材料，拼缝应用胶带封严，胶带的宽度大于等于50mm，胶带应牢固地粘贴在防潮层上，不得胀裂和脱落。

1. 通用部分	1.5 防腐绝热
1.5.1 风管绝热	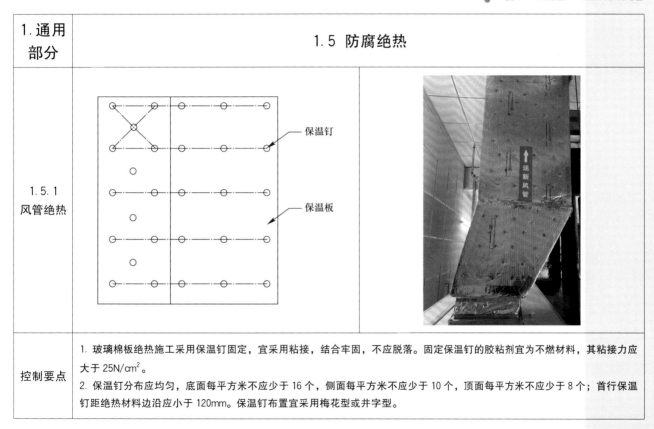

控制要点

1. 玻璃棉板绝热施工采用保温钉固定，宜采用粘接，结合牢固，不应脱落。固定保温钉的胶粘剂宜为不燃材料，其粘接力应大于 25N/cm²。

2. 保温钉分布应均匀，底面每平方米不应少于 16 个，侧面每平方米不应少于 10 个，顶面每平方米不应少于 8 个；首行保温钉距绝热材料边沿应小于 120mm。保温钉布置宜采用梅花型或井字型。

1.通用 部分	1.5　防腐绝热
1.5.2 管道防腐	

控制要点	1. 管道防腐前应除锈到位，表面应有光泽，不应有污垢、锈蚀，焊缝处无焊渣、毛刺等。 2. 涂刷应分层进行，每层往复涂刷，纵横交错，并保持涂层均匀，无漏涂。 3. 面漆涂刷表面应光滑无痕，颜色一致，无流淌、气泡、露底等现象。 4. 镀锌部件不宜涂刷油漆，支、吊架面漆颜色应统一，做到管道、支架、阀门的颜色层次分明。

1.通用 部分	1.5　防腐绝热	
1.5.3 管道绝热		
控制要点	1. 绝热材料施工时应紧密贴实管道，拼缝严密，保温无松动、露出管道等现象；采用管壳保温时，接缝应放在管侧面，不应放在顶部或下部。 2. 绝热保温外敷玻璃丝布缠绕时，要求搭接面紧密、顺畅、整齐，外观美观。		

1. 通用部分	1.5 防腐绝热
1.5.3 管道绝热	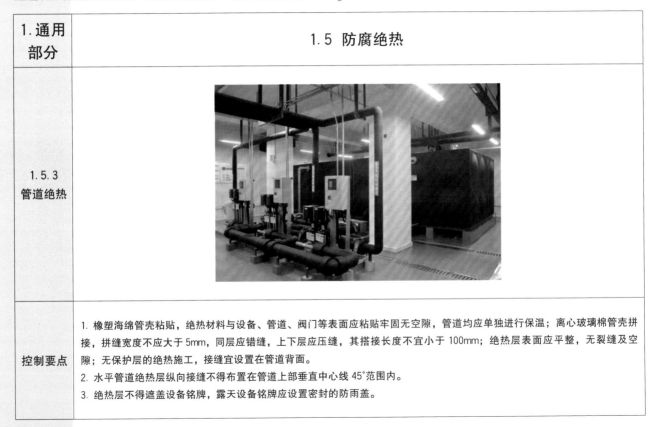
控制要点	1. 橡塑海绵管壳粘贴，绝热材料与设备、管道、阀门等表面应粘贴牢固无空隙，管道均应单独进行保温；离心玻璃棉管壳拼接，拼缝宽度不应大于 5mm，同层应错缝，上下层应压缝，其搭接长度不宜小于 100mm；绝热层表面应平整，无裂缝及空隙；无保护层的绝热施工，接缝宜设置在管道背面。 2. 水平管道绝热层纵向接缝不得布置在管道上部垂直中心线 45°范围内。 3. 绝热层不得遮盖设备铭牌，露天设备铭牌应设置密封的防雨盖。

1.通用 部分	1.5 防腐绝热
1.5.4 管道 保护层	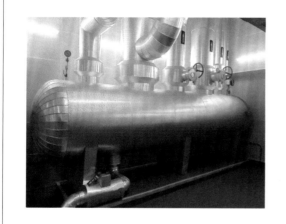 
控制要点	1. 设备、管道保护层的环向、纵向接缝应上搭下，水平管道的环向接缝应顺水流方向搭接。 2. 绝热层外缠玻璃丝布或阻燃布时，以螺旋状紧缠在绝热层外，层层压缝，压缝宽度宜为玻璃丝布或阻燃布宽度的三分之一，由低处向高处施工；管道金属保护层的纵向接缝水平管设置在水平中心线下方 15°～45°处，垂直管设置在管道背面处。 3. 阀部件等部位的绝热、保护层结构宜单独拆卸。

1.通用 部分	1.5 防腐绝热
1.5.5 阀门保温	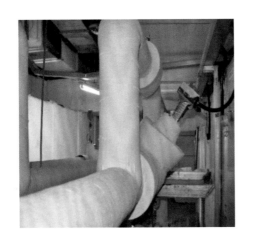
控制要点	1. 按由里到外、填平再包的步骤进行，先用板材包裹阀体并填平间隙，再对两端法兰进行保温，然后对阀门盖到阀门体之间进行保温，最后用封条将各接口处粘接好。 2. 阀门、过滤器、仪表等，以及一些容易损坏的其他部件，绝热及防潮保护层要满足可检修、拆卸及再恢复的要求。 3. 过滤器外保护层应设置成容易拆装的部件。

1.通用 部分	1.6　标识标牌
1.6.1 风管标识	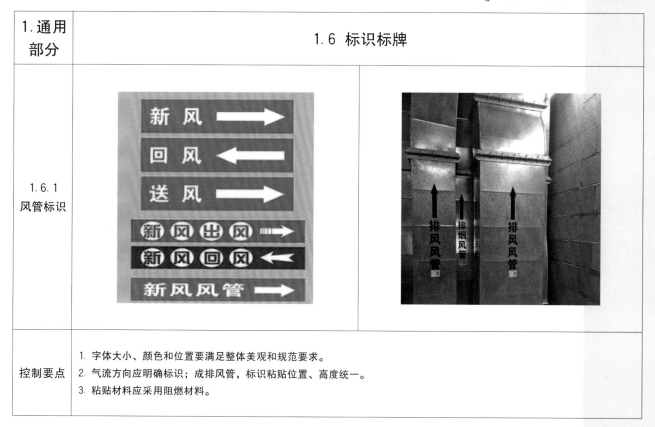
控制要点	1. 字体大小、颜色和位置要满足整体美观和规范要求。 2. 气流方向应明确标识；成排风管，标识粘贴位置、高度统一。 3. 粘贴材料应采用阻燃材料。

1.通用 部分	1.6　标识标牌
1.6.2 水管标识	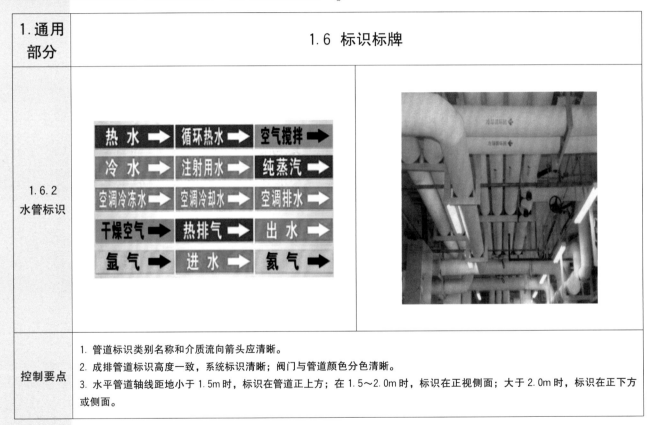

| 控制要点 | 1. 管道标识类别名称和介质流向箭头应清晰。
2. 成排管道标识高度一致，系统标识清晰；阀门与管道颜色分色清晰。
3. 水平管道轴线距地小于 1.5m 时，标识在管道正上方；在 1.5～2.0m 时，标识在正视侧面；大于 2.0m 时，标识在正下方或侧面。 |

1.通用部分	1.6 标识标牌

1.6.3 标识粘贴		

| 控制要点 | 1. 绝热层外缠玻璃丝布、阻燃布或橡塑海绵管壳等包缠时，宜采用喷涂标识，可采用贴纸标识；支架及非保温管道设备标识宜采用喷涂标识，可采用贴纸标识。
2. 阀门、保温设备标识应采用挂牌标识，并采取防止挂牌脱落措施。
3. 标识应标注在管线起点、终点、转弯处、分支处、设备进出口处、穿越墙体楼板处等；设置在操作方便且醒目一侧的相应部位；箭头放在文字的前方；成排管线标识位置应集中布置，标识长度一致。 |

1.通用 部分	1.6　标识标牌
1.6.4 设备标牌	
控制要点	标识清晰醒目，固定牢固，不易脱落；蓝白双色板雕刻，字体 2cm 左右，圆角悬挂。

1.通用 部分	1.6 标识标牌
1.6.5 槽盒标识	建筑电气与智能建筑工程的所有机房、控制室、设备间、竖井内及设备首、末端处均应进行标识。 1. 标识设置原则： 水平梯架、托盘、槽盒或母线距地小于 1.5m 时，标识宜设置在其本体正上方或正视侧面。 水平梯架、托盘、槽盒或母线距地多层或高度为 1.5～2.0m 时，标识宜设置在正视侧面。 水平梯架、托盘、槽盒或母线距地高度大于 2.0m 时，标识宜设置在正下方或侧面。 竖向槽盒、母线标识底端应设置在正面居中距地面 1.5m 处。 电气槽盒标识尺寸应根据槽盒标识位置选用大小适宜的尺寸，颜色应统一。 母线标识字体宽度（高度）宜为 100mm。 2. 电气动力系统、电气照明系统、智能建筑：粘贴/挂牌，蓝底白字；喷涂，黑底白字/镀锌底蓝字/白底蓝字。 电气槽盒　　　照明母线槽

1.通用部分	1.6 标识标牌

3. 消防应急配电系统槽盒：粘贴/挂牌，红底白字；喷涂，白底红字/镀锌底红字。

消防槽盒　　　　　　**综合布线槽盒**

喷涂方式　　　　　　　　　　　　喷涂方式

1.6.5 槽盒标识

4. 槽盒尺寸规格

水平槽盒	文字标签尺寸	文字高度	竖向槽盒
200mm 及以下	50mm×200mm	30mm	200mm 及以下
200～500mm	120mm×350mm	60mm	200～500mm
500mm 及以上	200mm×600mm	100mm	500mm 及以上

1. 通用部分	1.6 标识标牌
1.6.5 槽盒标识	5. 标识可采用粘贴或喷漆方式，标识字体、大小一致，并排槽盒标识应粘贴成行，文字竖向。

1.通用 部分	1.6 标识标牌
1.6.6 **电缆标识**	

控制要点

1. 电缆的两端、转弯处、分支处应设标识牌，电气竖井梯架、托盘或槽盒内宜每层每根电缆均挂标识牌，成排悬挂的标识牌方向应保持一致，用尼龙扎带绑扎在电缆上，位置居中，排布整齐。

2. 电缆标示牌采用 PVC 材质成品标示牌，使用专用电缆标牌打印机打印。标识牌尺寸宜为 70mm×30mm，标题字体宜采用黑体 3 号字，内容字体宜采用 4 号字，白底黑字。

3. 电缆标识牌内容应包括：回路编号、电缆规格、电缆的起点及终点。

1.通用 部分	1.6　标识标牌
1.6.7 配电箱 （柜）功能 标识	 
控制要点	1. 箱（柜）外部正面明显处应设金属铭牌进行标识，铭牌应清晰、铆固牢固。 2. 消防应急设备控制箱应在正面采用红色喷涂文字或箱柜整体喷涂成红色进行标识，字体宽度为 40～45mm。

1.通用 部分	1.6　标识标牌
1.6.8 配电箱 （柜） 开关、 回路 标识	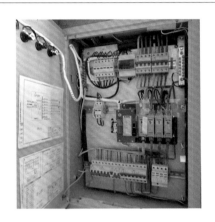
控制要点	1. 箱（柜）内开关标识采用背胶纸打印粘贴在开关上，标明控制对象名称以及开关的回路编号。 2. 配电箱内各进出线缆、配电开关、控制器、N（PE）端子排上应采用粘贴或悬挂功能标识牌进行标识，标识内容应包含功能、用途。 3. 箱柜门内侧应粘贴一、二次回路系统图对系统进行标识，系统图应绘图正确、清晰且塑封，系统图内容应与箱柜实际配置的电器和线缆规格、型号、数量、编号一一对应，无偏差。 4. 装有电器的箱（柜）门接地点标识：黄底黑字 ⏚ 。

1.通用 部分	1.6 标识标牌
1.6.9 户箱内 照明回路 标识	 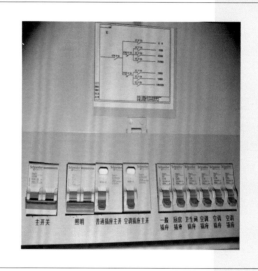
控制要点	1. 配电箱（柜）盘面应有铭牌标识，铭牌上应有生产厂家、型号规格、出厂日期等，铭牌字迹应清晰，与盘面应连接牢固，宜采用铆接，有CCC认证。 2. 标识清晰、工整、不易脱色，标识宜喷在箱体上。

1. 通用部分	1.6　标识标牌
1.6.10 变配电室 挡鼠板 标识	
控制要点	门口设置防鼠板，高度为500mm，黑、黄斑马条纹，有醒目的功能标识红色"挡鼠板"，或者采购成品挡板。

1.通用部分	1.6 标识标牌
1.6.11 防雷引下线标识	
控制要点	1. 建筑物屋面防雷引下线标识宜采用不锈钢或其他防雨、防晒材质。 2. 标识安装位置应明显、无遮挡，标识尺寸宜为 150mm×150mm 白色底漆标以黑色符号和字样，标识内容包括"防雷引下线"、接地标识符号、编号。

1.通用部分	1.6 标识标牌

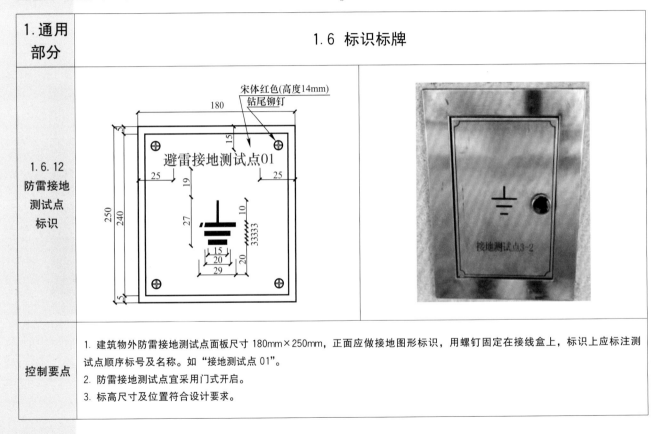

| 1.6.12 防雷接地测试点标识 | |

控制要点

1. 建筑物外防雷接地测试点面板尺寸 180mm×250mm，正面应做接地图形标识，用螺钉固定在接线盒上，标识上应标注测试点顺序标号及名称。如"接地测试点 01"。

2. 防雷接地测试点宜采用门式开启。

3. 标高尺寸及位置符合设计要求。

1.通用部分	1.7　减振器

	设备名称	减振器形式
1.7.1 减振器 分类	吊装风机/风机盘管/空调机组	XDH/XDJ/XHS 悬吊式减振器
	落地风机	JC/ZD 弹簧减振器/SD 型橡胶板减振器
	落地安装空调机组/锅炉/换热器	SD 型橡胶板减振器
	冷却塔/冷冻机组	KZD 型大荷载阻尼弹簧减振器
	卧式水泵	减振台＋JC/ZD 弹簧减振器
	立式水泵	JSD 橡胶隔振器/浮筑橡胶隔振垫/减振台＋JC/ZD 弹簧减振器

控制要点	1. 设置减振器的数量和位置应正确，减振装置应成对放置，各个减振器的压缩量应均匀一致，偏差不应大于 2mm。 2. 弹簧减振器安装，应采取限制位移措施。 3. 减振器不得被基础修补抹灰或贴砖装饰埋入混凝土中。

1.通用 部分	1.7　减振器
1.7.2 减振器 图示	 阻尼弹簧减振器　　弹簧减振器　　LZ型弹簧减振器 橡胶减振板　　橡胶减振器　　悬吊式减振器

1. 通用部分	1.8 管材连接
1.8.1 螺纹连接	

控制要点	1. 丝扣连接，螺纹锥纹平缓，螺纹清洁、规整、无断丝和缺丝。 2. 加工时分 2~3 次切削，拧紧后外露 2~3 扣螺纹，清除多余填料，外露丝扣涂刷防锈漆。 3. 套丝及安装管件时卡具应完好，不应损伤管道及管件。 4. 管道与阀门连接宜采用短螺纹，与设备连接宜采用长螺纹，与管件连接宜采用标准螺纹。

1.通用 部分	1.8 管材连接
1.8.2 沟槽连接	
控制要点	1. 沟槽连接两管口端应平整、无缝隙，沟槽应均匀，卡紧螺栓后管道应平直，卡箍（套）安装的方向应一致，紧固均匀。 2. 沟槽连接的管道，水平管道接头和管件两侧应有支、吊架，支、吊架与接头的间距应不小于 150mm，且不大于 300mm。

1.通用 部分	1.8 管材连接

	法兰盘与配套螺栓规格表									

1.8.3 法兰连接	法兰盘与配套螺栓规格表								
	法兰盘 公称 直径	50	65	80	100	125	150	200	250
	螺栓孔 数量	4	4	4	8	8	8	12	12
	螺栓 孔径/mm	18	18	18	18	18	23	23	23
	螺栓 规格M	M16	M16	M16	M16	M16	M20	M20	M20

控制要点	1. 热镀锌钢管及衬塑钢管采用焊接法兰时，焊接法兰处应二次镀锌或二次敷塑。 2. 法兰连接的衬垫不得凸入管内，其外边缘接近螺栓孔为宜，不得安放双垫或偏垫。 3. 连接法兰的螺栓，直径和长度一致，朝向相同，拧紧后，突出螺母的长度应为螺杆直径的1/2。

1. 通用部分	1.8　管材连接

1.8.4 不锈钢管 环压连接	

环压前

环压后

控制要点	1. 插入环压式管件承口时，应确保插入长度接近承口长度；插入式严禁使用润滑剂，并避免环压密封圈扭曲变形，割伤或移位。 2. 连接应分两次环压，通过环压工具产生的压力，使管材与管件局部内缩形成凹槽，达到连接强度。 3. 不锈钢管采用金属制作的管道支、吊架，应在管道与支架间加衬非金属垫。

1.通用部分	1.8　管材连接
1.8.5 塑料管 熔接	
控制要点	1. 熔接连接可采用热熔承插连接、热熔对接连接或电熔连接，管件应配套采用热熔承插管件、热熔对接连接管件或电熔连接管件。 2. 热熔连接管的结合面应有一个均匀的熔接圈，不得出现局部熔瘤或熔接圈凹凸不均；接头处光滑、洁净。

1.通用 部分	1.8　管材连接
1.8.6 塑料管 粘接	
控制要点	1. 管段插入承口深度符合规范规定，粘接后，应将挤出的胶粘剂擦净，无污染。 2. 涂好胶粘剂的管材和管件对准位置，一次性插入且宜旋转 90°，整个操作宜 30～40s 内完成。 3. 管件与管道连接顺直，无弯折。

1.通用 部分	1.8 管材连接
1.8.7 铸铁排水 管连接	
控制要点	1. 铸铁排水管连接方式分为法兰承插式（A型）、卡箍式（W型）柔性接口连接。 2. 法兰承插式（A型）连接时，橡胶圈压紧均匀，无明显扭曲变形，紧固螺栓齐全，松紧适度，缝隙均匀；卡箍式（W型）连接平口铸铁管相邻两端接头部位的管外径应一致。 3. 柔性接口不得设置在套管、墙体、楼板内，三通及管件连接处两端均加设支、吊架。

1. 通用部分	1.8 管材连接

1.8.8 焊接	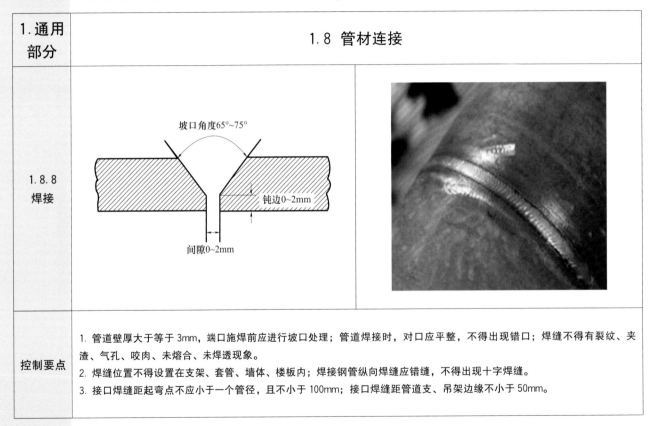

控制要点

1. 管道壁厚大于等于 3mm，端口施焊前应进行坡口处理；管道焊接时，对口应平整，不得出现错口；焊缝不得有裂纹、夹渣、气孔、咬肉、未熔合、未焊透现象。

2. 焊缝位置不得设置在支架、套管、墙体、楼板内；焊接钢管纵向焊缝应错缝，不得出现十字焊缝。

3. 接口焊缝距起弯点不应小于一个管径，且不小于 100mm；接口焊缝距管道支、吊架边缘不小于 50mm。

第二部分　通风与空调工程

2.通风 与空调	2.1 屋面
2.1.1 整体排布	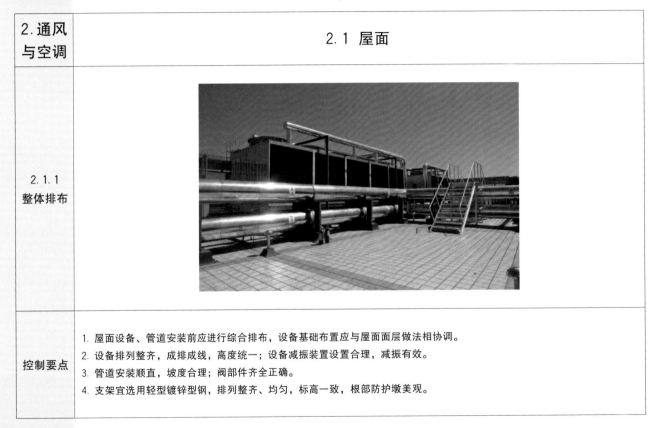
控制要点	1. 屋面设备、管道安装前应进行综合排布，设备基础布置应与屋面面层做法相协调。 2. 设备排列整齐，成排成线，高度统一；设备减振装置设置合理，减振有效。 3. 管道安装顺直，坡度合理，阀部件齐全正确。 4. 支架宜选用轻型镀锌型钢，排列整齐、均匀，标高一致，根部防护墩美观。

2.通风 与空调	2.1 屋面
2.1.2 屋面风管 安装	 
控制要点	1. 管道安装顺直，排布有规律、管道间距合理，布局规整划一。 2. 多层管道排布时，落地支架设置合理，管道与支架间的固定牢固可靠；设备间、管道间留存足够的检修通道。

2.通风 与空调	2.1 屋面
2.1.3 风管穿外 结构做法	
控制要点	风管穿越屋面或外墙处设置不小于1.6mm的钢材防护套管，风管防护套管之间应采用不燃柔性材料封堵严密。防水措施良好有效，宜进行打胶处理，且与建筑饰面交界清晰美观。

2.通风与空调	2.1 屋面	
2.1.4 管道保护壳做法	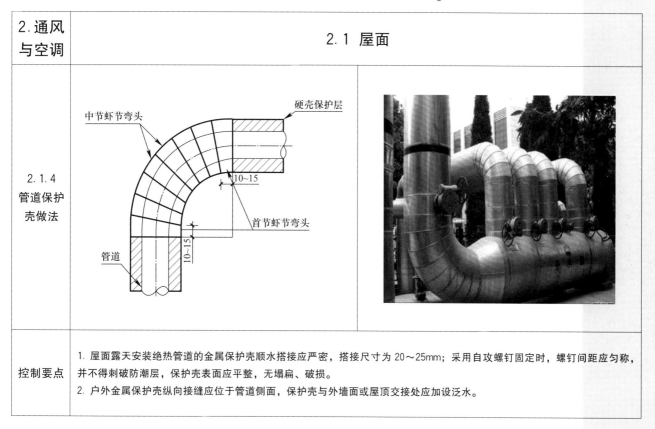	
控制要点	1. 屋面露天安装绝热管道的金属保护壳顺水搭接应严密，搭接尺寸为 20～25mm；采用自攻螺钉固定时，螺钉间距应匀称，并不得刺破防潮层，保护壳表面应平整，无塌扁、破损。 2. 户外金属保护壳纵向接缝应位于管道侧面，保护壳与外墙面或屋顶交接处应加设泛水。	

2.通风与空调	2.1 屋面
2.1.5 风管软连接安装	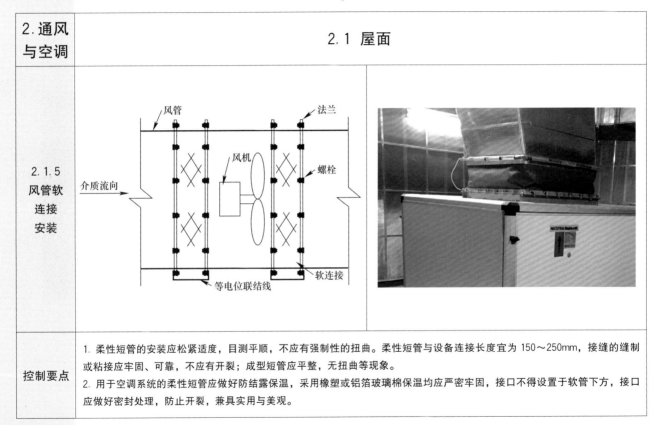
控制要点	1. 柔性短管的安装应松紧适度，目测平顺，不应有强制性的扭曲。柔性短管与设备连接长度宜为 150～250mm，接缝的缝制或粘接应牢固、可靠，不应有开裂；成型短管应平整，无扭曲等现象。 2. 用于空调系统的柔性短管应做好防结露保温，采用橡塑或铝箔玻璃棉保温均应严密牢固，接口不得设置于软管下方，接口应做好密封处理，防止开裂，兼具实用与美观。

2.通风 与空调	2.1 屋面
2.1.6 风机安装	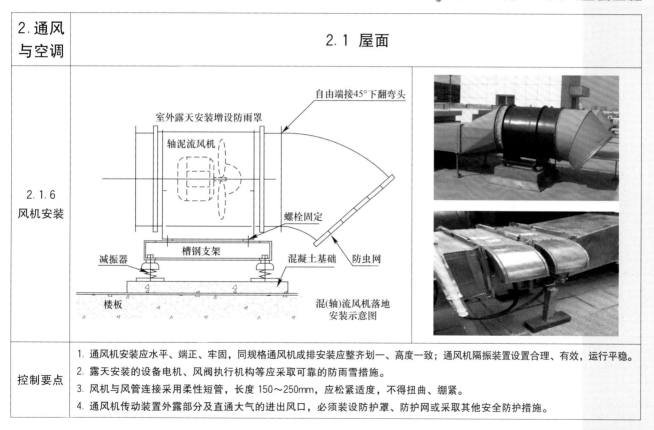 混(轴)流风机落地 安装示意图
控制要点	1. 通风机安装应水平、端正、牢固，同规格通风机成排安装应整齐划一、高度一致；通风机隔振装置设置合理、有效，运行平稳。 2. 露天安装的设备电机、风阀执行机构等应采取可靠的防雨雪措施。 3. 风机与风管连接采用柔性短管，长度 150～250mm，应松紧适度，不得扭曲、绷紧。 4. 通风机传动装置外露部分及直通大气的进出风口，必须装设防护罩、防护网或采取其他安全防护措施。

2. 通风 与空调	2.1 屋面
2.1.7 防排烟 风机 安装	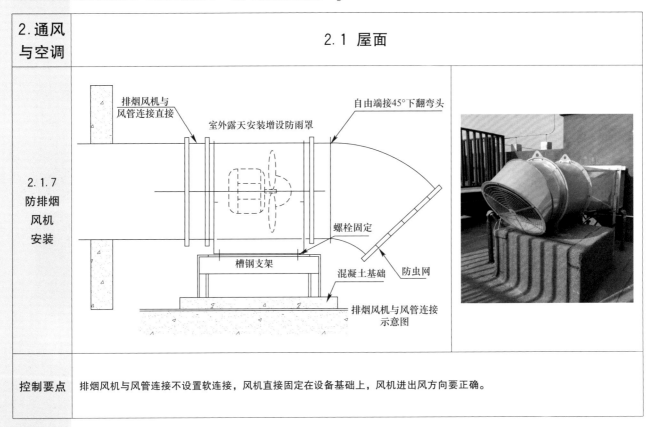
控制要点	排烟风机与风管连接不设置软连接，风机直接固定在设备基础上，风机进出风方向要正确。

2.通风与空调	2.1　屋面

2.1.8 风机进出口做法

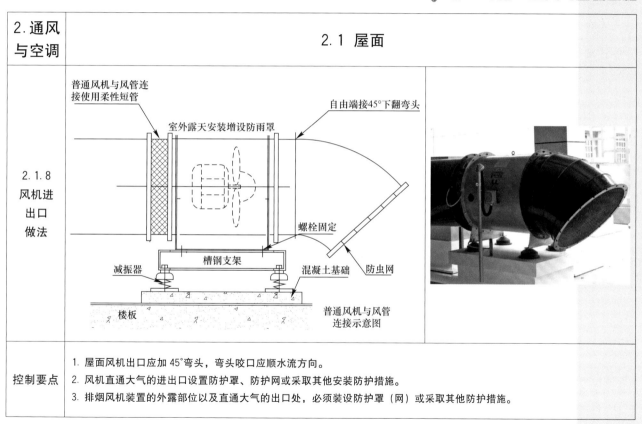

普通风机与风管连接使用柔性短管

自由端接45°下翻弯头

室外露天安装增设防雨罩

螺栓固定

槽钢支架

减振器

混凝土基础

防虫网

楼板

普通风机与风管连接示意图

控制要点

1. 屋面风机出口应加 45°弯头，弯头咬口应顺水流方向。
2. 风机直通大气的进出口设置防护罩、防护网或采取其他安装防护措施。
3. 排烟风机装置的外露部位以及直通大气的出口处，必须装设防护罩（网）或采取其他防护措施。

2.通风与空调	2.1 屋面
2.1.9 屋面水管安装	 
控制要点	1. 管道安装顺直，支架安装合理、牢固，落地支架根部宜采用墩台等防护措施，美观大方，排列整齐有序。 2. 屋面露天安装绝热管道的金属保护壳搭接应严密、顺水，接缝应设置于管道下部，保护壳表面应平整，无塌扁破损现象。 3. 维修通道需跨越管道时，应增设过桥或检修平台等防护措施。

2.通风 与空调	2.1 屋面
2.1.10 冷却塔 安装	
控制要点	1. 冷却塔的安装位置应符合设计要求，进风侧距建筑物应大于1000mm。 2. 冷却塔安装应水平，单台冷却塔安装的水平度和垂直度允许偏差均为2/1000。 3. 同一冷却水系统的多台冷却塔安装时，各台冷却塔的水平面高度应一致，高差不应大于30mm。 4. 冷却塔配管安装横平竖直、排列整齐；支架间距均匀合理且根部有承台防水措施；阀门安装高度及朝向一致，成排成线； 管道支架不应固定在冷却塔外框上。

2. 通风与空调	2.1 屋面
2.1.11 冷却塔型钢底座安装	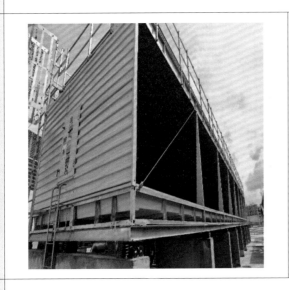 
控制要点	1. 型钢底座制作规范、美观，面漆均匀一致。 2. 冷却塔隔振装置设置合理、有效。

2.通风 与空调	**2.1　屋面**
2.1.12 变制冷剂 流量室外 机安装	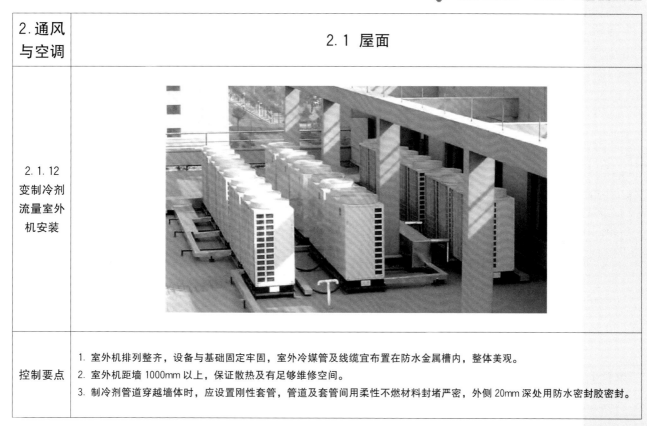
控制要点	1. 室外机排列整齐，设备与基础固定牢固，室外冷媒管及线缆宜布置在防水金属槽内，整体美观。 2. 室外机距墙 1000mm 以上，保证散热及有足够维修空间。 3. 制冷剂管道穿越墙体时，应设置刚性套管，管道及套管间用柔性不燃材料封堵严密，外侧 20mm 深处用防水密封胶密封。

2. 通风 与空调	2.2 标准层
2.2.1 风口整体 安装	
控制要点	1. 同一空间及平面、标高位置多组风口安装要成排成线、牢固可靠，排列整齐美观；带滤网的风口应便于拆卸清洗，滤网芯不得外露。 2. 风口边框与建筑顶棚、墙壁或管井外装饰面应紧贴，接缝处应采取可靠的密封措施。 3. 散流器的扩散环和调节环应同轴，轴向环片间距应分布均匀。

2.通风 与空调	2.2 标准层
2.2.2 正压送风 口安装	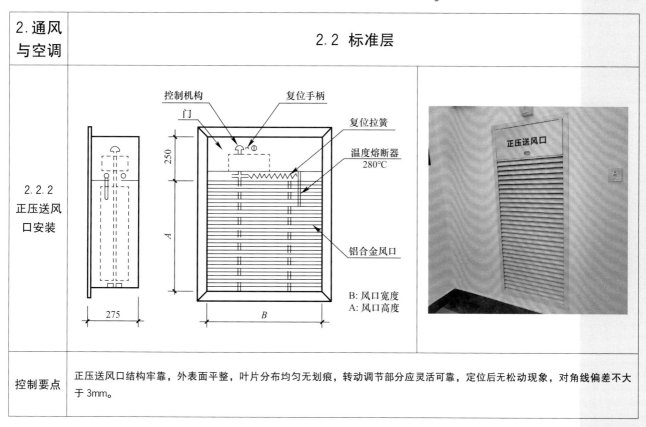
控制要点	正压送风口结构牢靠，外表面平整，叶片分布均匀无划痕，转动调节部分应灵活可靠，定位后无松动现象，对角线偏差不大于 3mm。

2.通风与空调	2.2 标准层	
2.2.3 散流器安装	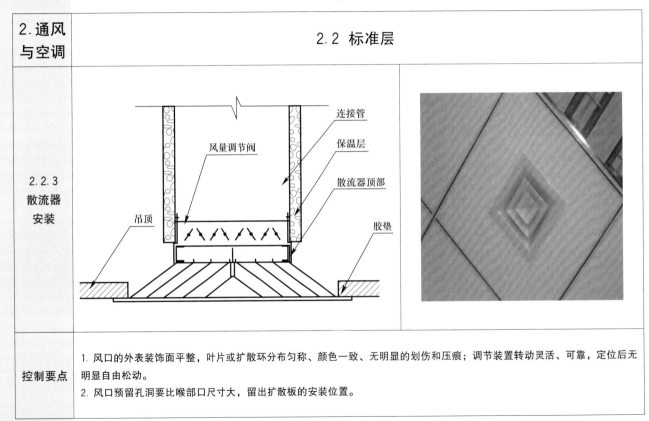	
控制要点	1. 风口的外表装饰面平整，叶片或扩散环分布匀称、颜色一致、无明显的划伤和压痕；调节装置转动灵活、可靠，定位后无明显自由松动。 2. 风口预留孔洞要比喉部口尺寸大，留出扩散板的安装位置。	

图中标注：连接管、风量调节阀、保温层、散流器顶部、吊顶、胶垫

2.通风 与空调	2.2 标准层
2.2.4 条形风口 安装	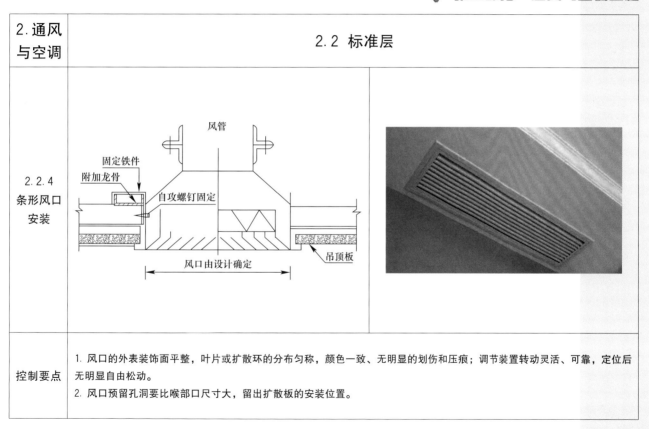

控制要点	1. 风口的外表装饰面平整，叶片或扩散环的分布匀称，颜色一致、无明显的划伤和压痕；调节装置转动灵活、可靠，定位后无明显自由松动。 2. 风口预留孔洞要比喉部口尺寸大，留出扩散板的安装位置。

2.通风 与空调	2.2 标准层
2.2.5 旋流风口 安装	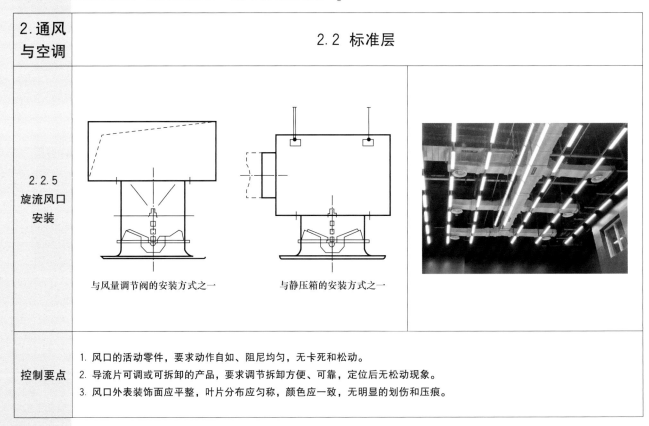 与风量调节阀的安装方式之一　　　与静压箱的安装方式之一
控制要点	1. 风口的活动零件，要求动作自如、阻尼均匀，无卡死和松动。 2. 导流片可调或可拆卸的产品，要求调节拆卸方便、可靠，定位后无松动现象。 3. 风口外表装饰面应平整，叶片分布应匀称，颜色应一致，无明显的划伤和压痕。

2.通风 与空调	2.2 标准层
2.2.6 射流风口 安装	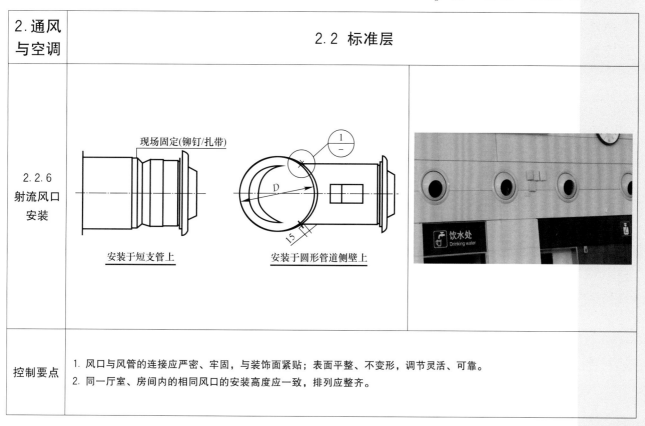 安装于短支管上　　　安装于圆形管道侧壁上
控制要点	1. 风口与风管的连接应严密、牢固，与装饰面紧贴；表面平整、不变形，调节灵活、可靠。 2. 同一厅室、房间内的相同风口的安装高度应一致，排列应整齐。

2.通风 与空调	2.2 标准层
2.2.7 风机盘管 安装	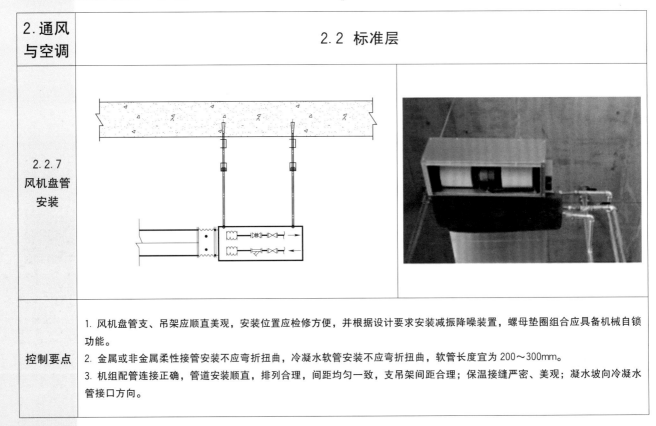

控制要点	1. 风机盘管支、吊架应顺直美观，安装位置应检修方便，并根据设计要求安装减振降噪装置，螺母垫圈组合应具备机械自锁功能。 2. 金属或非金属柔性接管安装不应弯折扭曲，冷凝水软管安装不应弯折扭曲，软管长度宜为 200～300mm。 3. 机组配管连接正确，管道安装顺直，排列合理，间距均匀一致，支吊架间距合理；保温接缝严密、美观；凝水坡向冷凝水管接口方向。

2.通风与空调	2.2 标准层

2.2.8
金属风管
安装

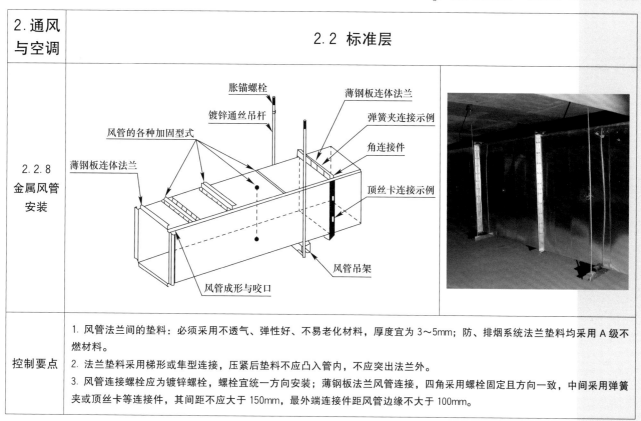

胀锚螺栓
镀锌通丝吊杆
风管的各种加固型式
薄钢板连体法兰
薄钢板连体法兰
弹簧夹连接示例
角连接件
顶丝卡连接示例
风管吊架
风管成形与咬口

控制要点

1. 风管法兰间的垫料：必须采用不透气、弹性好、不易老化材料，厚度宜为 3～5mm；防、排烟系统法兰垫料均采用 A 级不燃材料。

2. 法兰垫料采用梯形或隼型连接，压紧后垫料不应凸入管内，不应突出法兰外。

3. 风管连接螺栓应为镀锌螺栓，螺栓宜统一方向安装；薄钢板法兰风管连接，四角采用螺栓固定且方向一致，中间采用弹簧夹或顶丝卡等连接件，其间距不应大于 150mm，最外端连接件距风管边缘不大于 100mm。

2. 通风 与空调	2.2 标准层

<table>
<tr><td rowspan="2">2.2.9
复合风管
安装</td><td></td><td></td></tr>
</table>

控制要点	1. 复合材料风管的连接处，接缝应牢固，不应有孔洞和开裂。 2. 当采用插接连接时，接口应匹配，不应松动，端口缝隙不应大于 5mm。 3. 复合板材的外覆面层粘贴应牢固，表面平整无破损，内部绝热材料不得外露。

2.通风 与空调	2.2 标准层
2.2.10 排烟风管 防火包覆	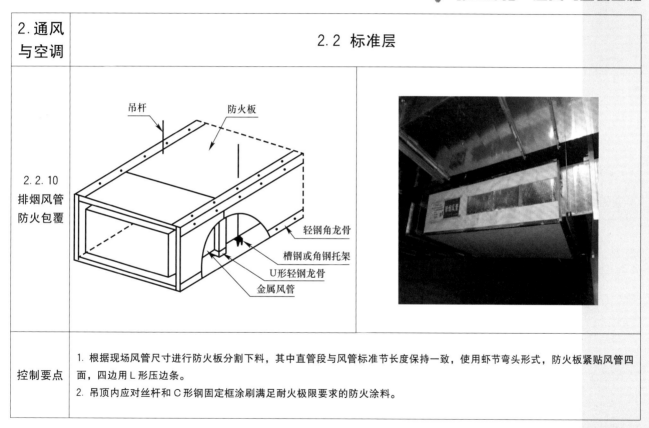

控制要点

1. 根据现场风管尺寸进行防火板分割下料，其中直管段与风管标准节长度保持一致，使用虾节弯头形式，防火板紧贴风管四面，四边用L形压边条。

2. 吊顶内应对丝杆和C形钢固定框涂刷满足耐火极限要求的防火涂料。

2.通风 与空调	2.2 标准层
2.2.11 织物布风 管安装	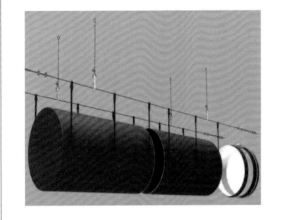 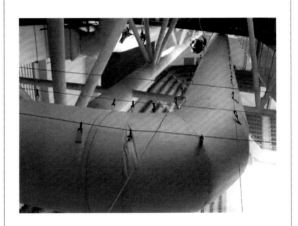
控制要点	1. 织物布风管安装应平直顺畅，支吊架满足设计要求，弯头、变径使用同一厂商专用部件，风管外观保持良好，不得有污损、折叠痕迹。 2. 织物布风管水平安装钢丝绳垂吊点间距小于等于 3m，风管采用双排或多排钢丝绳垂吊时，钢丝绳间应平行。

2.通风 与空调	2.2 标准层	
2.2.12 防火阀 安装	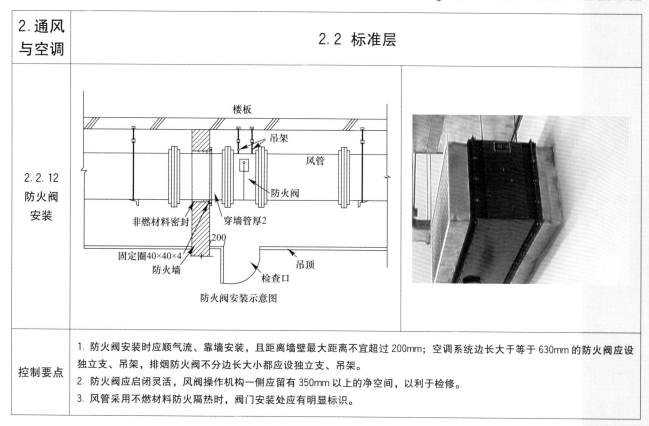 防火阀安装示意图	
控制要点	1. 防火阀安装时应顺气流、靠墙安装，且距离墙壁最大距离不宜超过200mm；空调系统边长大于等于630mm的防火阀应设独立支、吊架，排烟防火阀不分边长大小都应设独立支、吊架。 2. 防火阀应启闭灵活，风阀操作机构一侧应留有350mm以上的净空间，以利于检修。 3. 风管采用不燃材料防火隔热时，阀门安装处应有明显标识。	

2.通风 与空调	2.2 标准层
2.2.13 消音器 安装	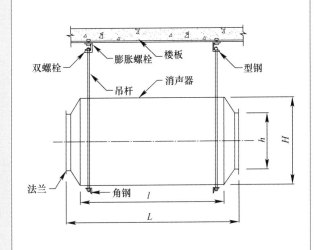 

控制要点	1. 消声器安装均应设独立支、吊托架，自身重量不得由风管承受，支、吊架应根据消声器型号、规格及建筑物结构情况选取。 2. 消声器支、吊架的横置角钢上穿吊杆的螺孔距离，应比消声器宽 40～50mm，以便于调节标高；可在吊杆端部套 50～60mm 的丝扣，以便找平、找正。 3. 消声器的安装位置、方向必须正确，与风管或管件的法兰连接应保证严密牢固。

2.通风与空调	2.2 标准层	
2.2.14 补偿器安装		
控制要点	1. 补偿器安装前应按设计文件要求进行预拉伸或预压缩，受力应均匀。 2. 安装波纹管补偿器时，有流向标记的，箭头方向为介质流动方向，不得装反。 3. 待补偿器两端的固定支架和导向支架安装完成达到设计要求后，再开始安装补偿器。 4. 管道系统安装完毕，拆除用于安装运输的辅助定位构件，并按设计要求将限位装置调至规定位置，满足系统补偿需要。	

2.通风 与空调	2.2 标准层
2.2.15 柔性短管 安装	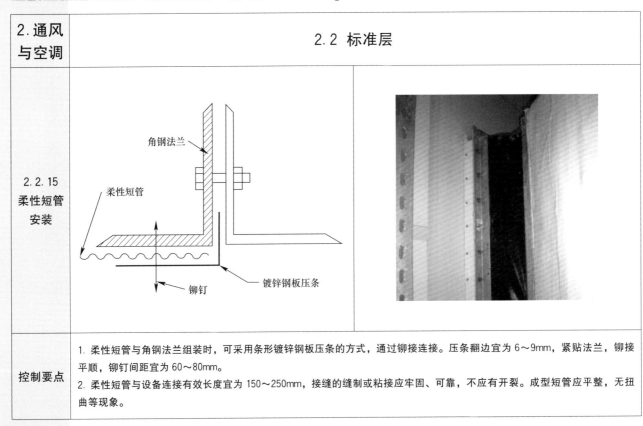
控制要点	1. 柔性短管与角钢法兰组装时，可采用条形镀锌钢板压条的方式，通过铆接连接。压条翻边宜为 6～9mm，紧贴法兰，铆接平顺，铆钉间距宜为 60～80mm。 2. 柔性短管与设备连接有效长度宜为 150～250mm，接缝的缝制或粘接应牢固、可靠，不应有开裂。成型短管应平整，无扭曲等现象。

2.通风 与空调	2.3　竖井		
2.3.1 管道整体 排布	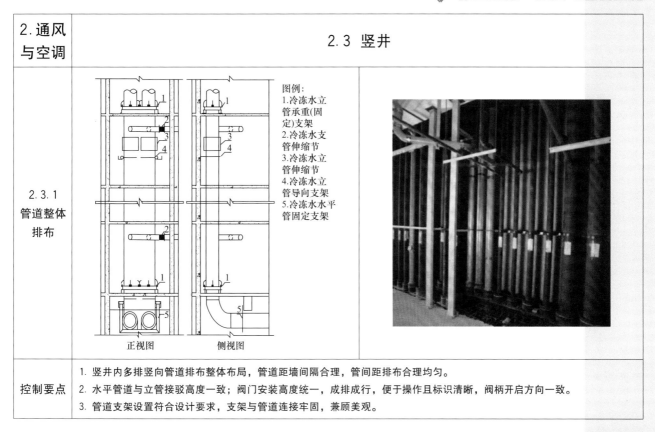 正视图　　　　　侧视图	图例： 1.冷冻水立 管承重(固 定)支架 2.冷冻水支 管伸缩节 3.冷冻水立 管伸缩节 4.冷冻水立 管导向支架 5.冷冻水水平 管固定支架	
控制要点	1. 竖井内多排竖向管道排布整体布局，管道距墙间隔合理，管间距排布合理均匀。 2. 水平管道与立管接驳高度一致；阀门安装高度统一，成排成行，便于操作且标识清晰，阀柄开启方向一致。 3. 管道支架设置符合设计要求，支架与管道连接牢固，兼顾美观。		

2.通风 与空调	2.3　竖井

2.3.2 竖向水管 承重支架	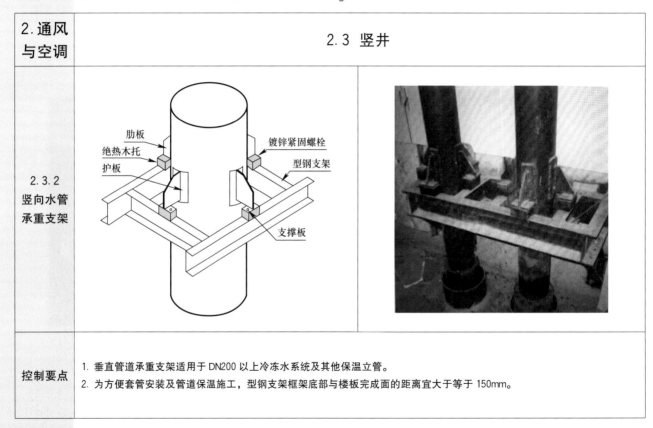

肋板

绝热木托

护板

镀锌紧固螺栓

型钢支架

支撑板

控制要点	1. 垂直管道承重支架适用于 DN200 以上冷冻水系统及其他保温立管。 2. 为方便套管安装及管道保温施工，型钢支架框架底部与楼板完成面的距离宜大于等于 150mm。

2.通风 与空调	2.3 竖井
2.3.3 立管支架	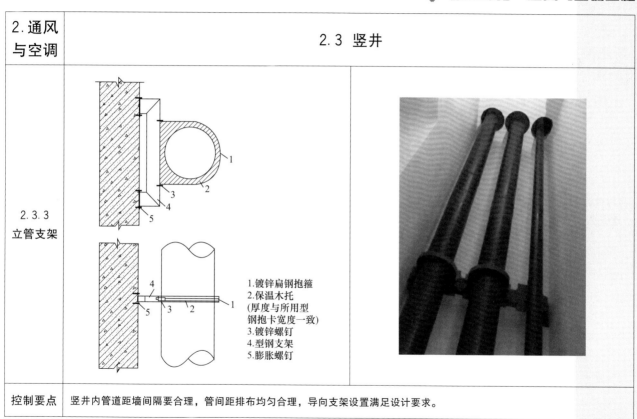 1.镀锌扁钢抱箍 2.保温木托 (厚度与所用型 钢抱卡宽度一致) 3.镀锌螺钉 4.型钢支架 5.膨胀螺钉
控制要点	竖井内管道距墙间隔要合理，管间距排布均匀合理，导向支架设置满足设计要求。

2. 通风 与空调	2.3　竖井	
2.3.4 水管补偿器安装	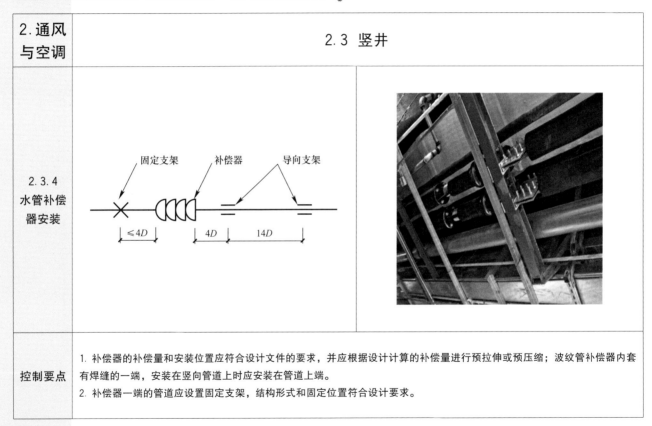	
控制要点	1. 补偿器的补偿量和安装位置应符合设计文件的要求，并应根据设计计算的补偿量进行预拉伸或预压缩；波纹管补偿器内套有焊缝的一端，安装在竖向管道上时应安装在管道上端。 2. 补偿器一端的管道应设置固定支架，结构形式和固定位置符合设计要求。	

2.通风 与空调	2.3　竖井
2.3.5 竖向风管 安装	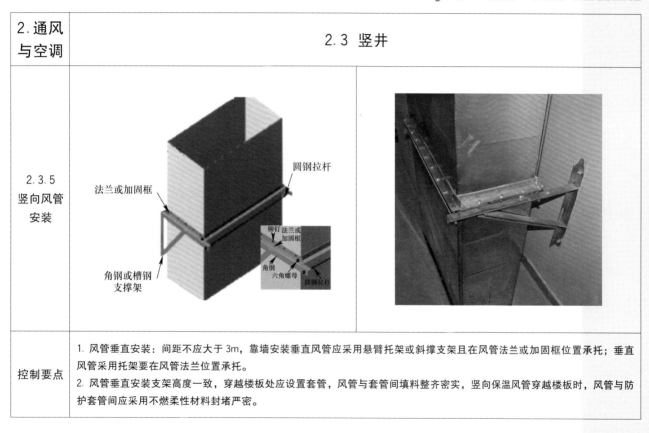
控制要点	1. 风管垂直安装：间距不应大于3m，靠墙安装垂直风管应采用悬臂托架或斜撑支架且在风管法兰或加固框位置承托；垂直风管采用托架要在风管法兰位置承托。 2. 风管垂直安装支架高度一致，穿越楼板处应设置套管，风管与套管间填料整齐密实，竖向保温风管穿越楼板时，风管与防护套管间应采用不燃柔性材料封堵严密。

2.通风 与空调	2.4 地下室
2.4.1 整体排布	 
控制要点	1. 地下公共区域管道安装前进行综合规划排布，满足功能条件的同时，确保管道排列间距一致，标高错落有序，同时布置紧凑，标识清晰准确，综合支架设置合理，并经设计确认。 2. 支架整体外观应成排成线，安装牢固。

2.通风 与空调	2.4　地下室	
2.4.2 风机吊装	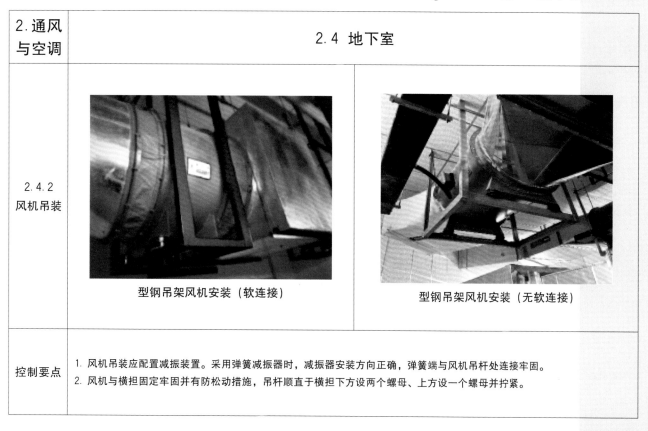 型钢吊架风机安装（软连接）	型钢吊架风机安装（无软连接）
控制要点	1. 风机吊装应配置减振装置。采用弹簧减振器时，减振器安装方向正确，弹簧端与风机吊杆处连接牢固。 2. 风机与横担固定牢固并有防松动措施，吊杆顺直于横担下方设两个螺母、上方设一个螺母并拧紧。	

2.通风 与空调	2.4　地下室
2.4.3 水管安装	
控制要点	1. 管道排列间距应一致，标高错落有序，成排管道翻弯要求整齐一致。 2. 保温管道的木托厚度大于等于横担宽度，其高度应与保温厚度匹配，采用抱卡与横担固定，起到绝热作用。

2.通风 与空调	2.4 地下室
2.4.4 诱导风机 安装	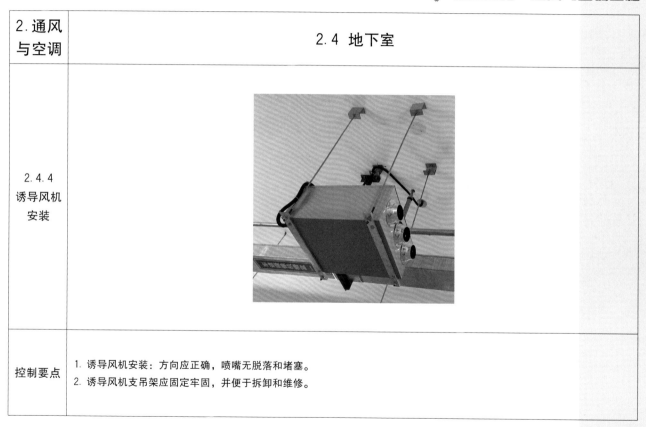
控制要点	1. 诱导风机安装：方向应正确，喷嘴无脱落和堵塞。 2. 诱导风机支吊架应固定牢固，并便于拆卸和维修。

2.通风 与空调	2.5　重点机房——空调机房
2.5.1 整体布置	
控制要点	1. 与机组连接的风管、水管均应加设柔性接口；风管的柔性接头平整严密，有效长度 150～250mm，松紧适度，应无机械损伤、变形，不得作为异径管使用。 2. 与机组连接的风管、水管，应设置独立支架，固定牢固。 3. 过滤器安装位置便于操作，宜水平安装。

2.通风 与空调	2.5 重点机房——空调机房
2.5.2 空调机组 基础	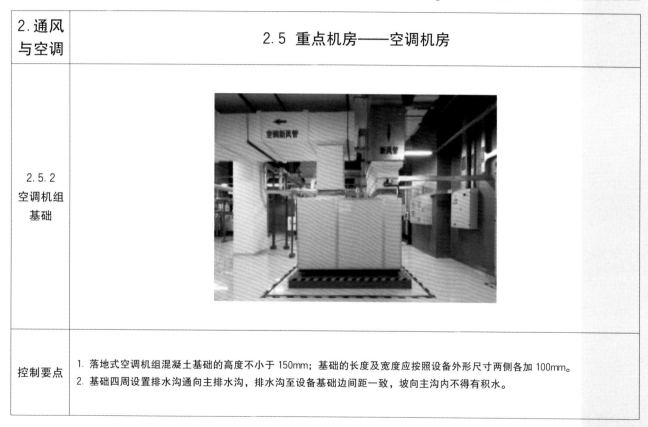
控制要点	1. 落地式空调机组混凝土基础的高度不小于 150mm；基础的长度及宽度应按照设备外形尺寸两侧各加 100mm。 2. 基础四周设置排水沟通向主排水沟，排水沟至设备基础边间距一致，坡向主沟内不得有积水。

2. 通风 与空调	2.5　重点机房——空调机房
2.5.3 空调机组 安装	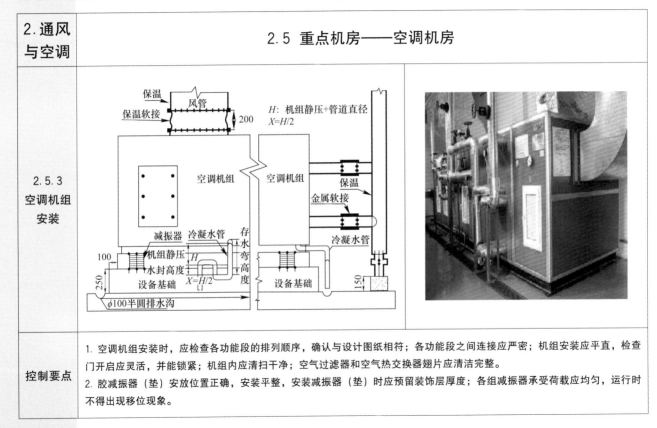
控制要点	1. 空调机组安装时，应检查各功能段的排列顺序，确认与设计图纸相符；各功能段之间连接应严密；机组安装应平直，检查门开启应灵活，并能锁紧；机组内应清扫干净；空气过滤器和空气热交换器翅片应清洁完整。 2. 胶减振器（垫）安放位置正确，安装平整，安装减振器（垫）时应预留装饰层厚度；各组减振器承受荷载应均匀，运行时不得出现移位现象。

2.通风与空调	2.5　重点机房——空调机房

2.5.4 机组冷凝水管安装	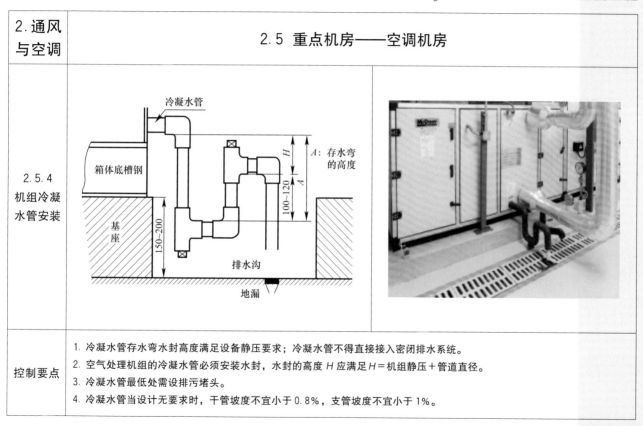

控制要点	1. 冷凝水管存水弯水封高度满足设备静压要求；冷凝水管不得直接接入密闭排水系统。 2. 空气处理机组的冷凝水管必须安装水封，水封的高度 H 应满足 $H=$ 机组静压＋管道直径。 3. 冷凝水管最低处需设排污堵头。 4. 冷凝水管当设计无要求时，干管坡度不宜小于 0.8%，支管坡度不宜小于 1%。

2.通风 与空调	**2.6 重点机房——通风机房**
2.6.1 吊装风机 安装	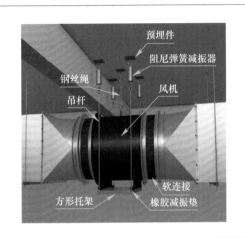 
控制要点	1. 风机吊装时采用吊架悬挂在梁柱或楼板上，支架生根要牢固可靠。 2. 吊杆与预埋件间设置吊式阻尼弹簧减振器，吊式阻尼弹簧减振器与设备重量匹配，伸缩量均匀，启停后回弹有效。吊杆垂直于托架，托架上方加螺母限位，下方采用双螺帽加盖帽紧固。 3. 当采用角钢或槽钢做吊架时，吊架与楼板生根应牢固可靠，型钢吊架制作与风机底座间需设置减振器，减振器与设备、吊架支座固定牢靠，固定螺母设置弹簧垫防止松动。 4. 金属通气管和塑料通气管金属支架应根据电气专业相关要求有防雷击措施。避雷针与管道的相对位置宜统一。

2.通风 与空调	2.6　重点机房——通风机房
2.6.2 落地风机 安装	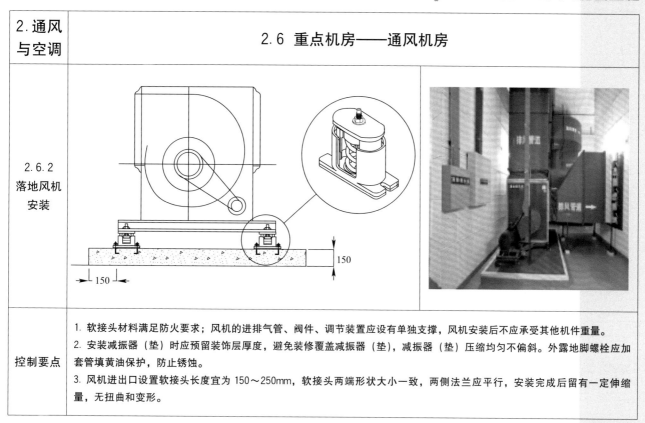
控制要点	1. 软接头材料满足防火要求；风机的进排气管、阀件、调节装置应设有单独支撑，风机安装后不应承受其他机件重量。 2. 安装减振器（垫）时应预留装饰层厚度，避免装修覆盖减振器（垫），减振器（垫）压缩均匀不偏斜。外露地脚螺栓应加套管填黄油保护，防止锈蚀。 3. 风机进出口设置软接头长度宜为 150～250mm，软接头两端形状大小一致，两侧法兰应平行，安装完成后留有一定伸缩量，无扭曲和变形。

2.通风 与空调	2.7　重点机房——制冷机房
2.7.1 机房整体 排布	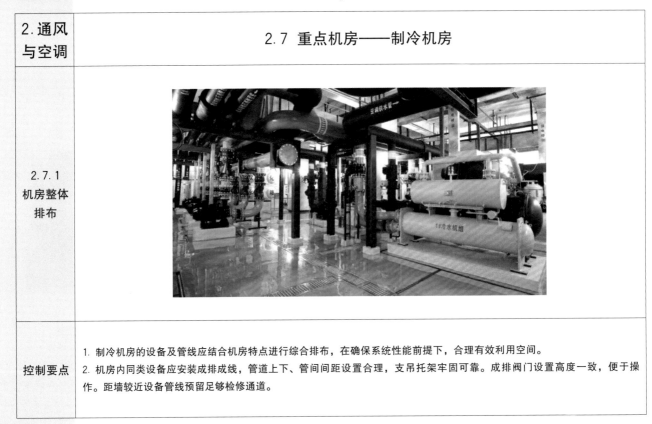
控制要点	1. 制冷机房的设备及管线应结合机房特点进行综合排布，在确保系统性能前提下，合理有效利用空间。 2. 机房内同类设备应安装成排成线，管道上下、管间间距设置合理，支吊托架牢固可靠。成排阀门设置高度一致，便于操作。距墙较近设备管线预留足够检修通道。

2.通风与空调	2.7　重点机房——制冷机房
2.7.2 机房内管线布置	 
控制要点	1. 机房成排管道排布整齐，错落有序，间距合理。支、吊架设置合理，安装牢固可靠，外观美观。 2. 机房内并联水泵的出口管道进入总管应采用顺水流斜向插接的连接形式，夹角不应大于60°。所有管道重量不得作用于设备上，须单独设置支吊架固定。大口径管道上阀门应设置专用支架，不得让管道承受阀门重量。

2.通风 与空调	2.7 重点机房——制冷机房
2.7.3 **冷水机组** **安装**	 地脚螺栓套管 200 弹簧减振器　100　
控制要点	1. 机组安装位置应符合设计要求，同规格机组成排安装时，排列整齐，间距均匀。 2. 机组采用弹簧减振器时，应设有防止机组运行时水平位移的定位装置；机组应水平，当采用垫铁调整机组水平度时，垫铁放置位置应正确且接触紧密，每组不超过 3 块。 3. 当机组不做减振时，应当使用膨胀螺栓或预埋螺栓进行固定，不得不加螺栓固定安放在基础上，不允许冷机直接摆放在楼板上，所有的设备均应设置设备基础。

2.通风 与空调	2.7　重点机房——制冷机房	
2.7.4 冷水机组 配管与 接驳		
控制要点	1. 机组蒸发器、冷凝器进出口配管间距较近，施工前应做好管线接驳排布，挠性接头应尽量靠近机组安装，不得强行对口连接，管道横平竖直。 2. 机组连接管路应独立设置管架，过滤器、阀门、仪表等安装位置正确，排列规整，朝向统一且标高一致，密封严实，成排成线，便于维护人员观察检修。	

2.通风与空调	2.7　重点机房——制冷机房

<table>
<tr><td rowspan="2">2.7.5
板式换热
器安装</td><td>
保温型</td><td>
非保温型</td></tr>
</table>

控制要点	1. 板式热交换装置热交换肋片应平整光滑，无明显划痕及锈蚀，所有夹紧螺栓无松动。安装位置周围要预留一定的检验场地。 2. 与换热器连接的管路应进行清洗，避免杂物进入设备，造成流道梗阻或损伤板片。 3. 板式换热器两块压紧板上有 4 个吊耳，供起吊时用，吊绳不得挂在接管、定位横梁或板片上。

2.通风 与空调	2.7　重点机房——制冷机房
2.7.6 软化水 装置 安装	进水口　控制阀　出水口　排污口　树脂罐　树脂罐　盐箱
控制要点	1. 软化水装置的电控器上方或沿电控器开启方向应预留不小于 600mm 的检修空间；盐罐安装位置应靠近树脂罐，并应尽量缩短吸盐管的长度；过滤型的软化水装置应按设备上的水流方向标识安装，不应装反；非过滤型的软化水装置安装时可根据实际情况选择进出口。 2. 软水处理装置安装平稳牢固，干净无污染，软化出水管上应设置水质检测用取水口。

2.通风 与空调	2.7 重点机房——制冷机房
2.7.7 循环泵 安装	 
控制要点	1. 设备基础的中心线或外边沿、设备中心线或边沿、立管中心线与支架、仪表、阀门操作手柄等标高、朝向应一致。 2. 水泵及管路保温：水泵惰性块设置合理，减振效果好；泵体保温、过滤器保温应可拆卸；水泵铭牌一定要放在保温层外，需要显示出水泵的额定流量、扬程等参数。

2.通风与空调	2.7　重点机房——制冷机房
2.7.8 循环泵减振及限位	
控制要点	1. 减振器、惰性减振台安装使用无限位的弹簧减振器时，应设置限位装置。 2. 水泵惰性减振台设置合理，减振效果好。

2.通风与空调	2.7 重点机房——制冷机房
2.7.9 水泵出入口及泵端弯头支架	 
控制要点	1. 水泵出入口应设置软接头，确保管道重力及运行的应力不传到泵体上。 2. 泵端弯头支架，低温管道要隔断冷桥，要防止根部生锈，要可拆卸。弯头支架采用护板，护板不能满焊，防止焊接应力。

2.通风与空调	2.7 重点机房——制冷机房

2.7.10 集（分） 水器安装	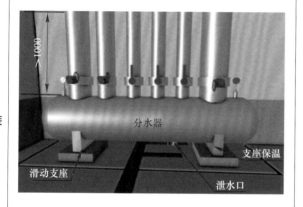

图中标注：
- ≥1000
- 分水器
- 支座保温
- 滑动支座
- 泄水口

控制要点	1. 集（分）水器等容器的安装配管合理，管道排列整齐，阀门安装高度一致，标识清晰明确。集（分）水器应设置泄水管，管径应符合规范要求。 2. 型钢支座与设备本体直接接触时，型钢支架应采取有效的防冷桥措施，冷冻水泄水管保温应过阀门150mm处。

2.通风与空调	2.7　重点机房——制冷机房

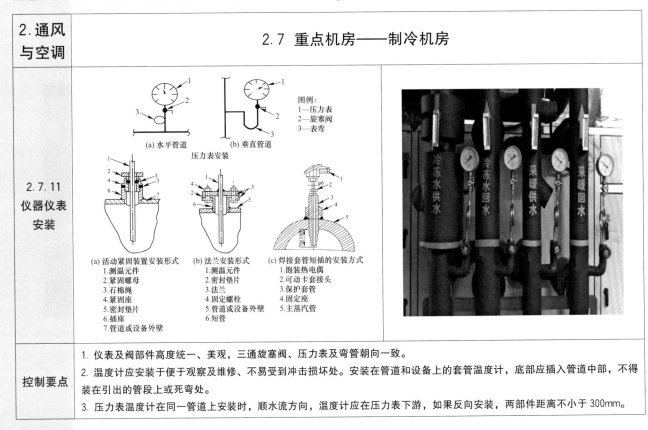

图例：
1—压力表
2—旋塞阀
3—表弯

(a) 水平管道　　(b) 垂直管道
压力表安装

2.7.11
仪器仪表
安装

(a) 活动紧固装置安装形式
1.测温元件
2.紧固螺母
3.石棉绳
4.紧固座
5.密封垫片
6.插座
7.管道或设备外壁

(b) 法兰安装形式
1.测温元件
2.密封垫片
3.法兰
4.固定螺栓
5.管道或设备外壁
6.短管

(c) 焊接套管短插的安装方式
1.铠装热电偶
2.可动卡套接头
3.保护套管
4.固定座
5.主蒸汽管

控制要点

1. 仪表及阀部件高度统一、美观，三通旋塞阀、压力表及弯管朝向一致。

2. 温度计应安装于便于观察及维修、不易受到冲击损坏处。安装在管道和设备上的套管温度计，底部应插入管道中部，不得装在引出的管段上或死弯处。

3. 压力表温度计在同一管道上安装时，顺水流方向，温度计应在压力表下游，如果反向安装，两部件距离不小于300mm。

2.通风 与空调	2.7 重点机房——制冷机房	
2.7.12 水阀门 安装		
控制要点	1. 成排管道安装时，阀部件安装高度统一美观，便于操作，操作柄朝向一致。 2. 管道上的过滤器两端均设置压力表，压力表表盘朝向一致，均朝向便于观察的方向。	

第三部分 给水排水工程

3.给水排水工程	3.1 屋面
3.1.1 整体排布	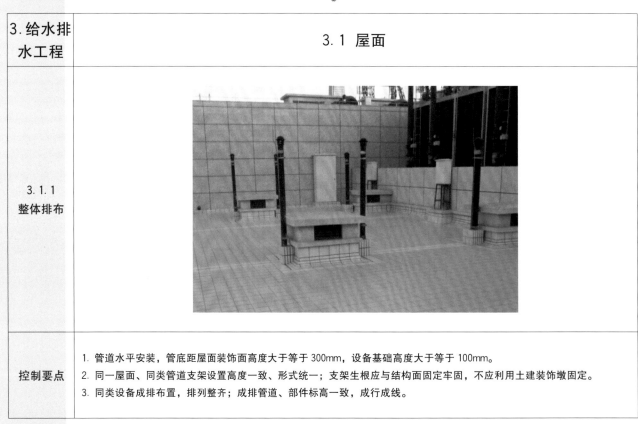
控制要点	1. 管道水平安装，管底距屋面装饰面高度大于等于 300mm，设备基础高度大于等于 100mm。 2. 同一屋面、同类管道支架设置高度一致、形式统一；支架生根应与结构面固定牢固，不应利用土建装饰墩固定。 3. 同类设备成排布置，排列整齐；成排管道、部件标高一致，成行成线。

3. 给水排 水工程	3.1 屋面
3.1.2 通气管	
控制要点	1. 经常有人停留的平屋顶，通气管应高出屋面 2m；非经常有人停留的屋面，通气管应高出屋面 300mm，且必须大于当地最大积雪厚度，设置高度宜为 700mm。 2. 通气管出口 4m 以内有门、窗时，通气管应高出门、窗顶 600mm 或引向无门、窗一侧。 3. 塑料通气管高度超过 1.5m 时，应做稳固支撑，落地支架根部应设置护墩，外形美观。

3.给水排 水工程	3.1 屋面
3.1.2 通气管	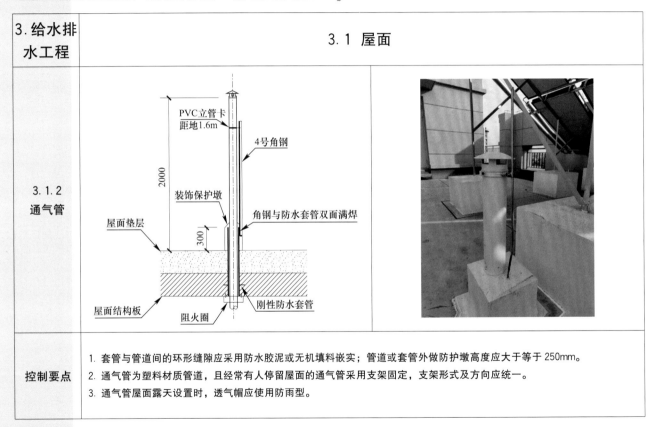
控制要点	1. 套管与管道间的环形缝隙应采用防水胶泥或无机填料嵌实；管道或套管外做防护墩高度应大于等于250mm。 2. 通气管为塑料材质管道，且经常有人停留屋面的通气管采用支架固定，支架形式及方向应统一。 3. 通气管屋面露天设置时，透气帽应使用防雨型。

3.给水排水工程	3.1 屋面
3.1.3 外墙 雨水管	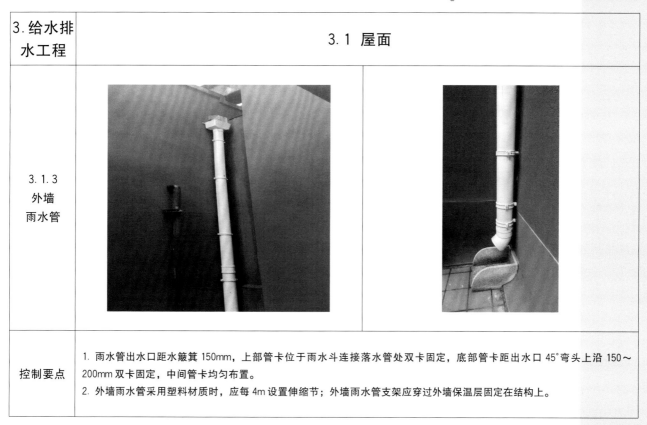
控制要点	1. 雨水管出水口距水簸箕 150mm，上部管卡位于雨水斗连接落水管处双卡固定，底部管卡距出水口 45°弯头上沿 150～200mm 双卡固定，中间管卡均匀布置。 2. 外墙雨水管采用塑料材质时，应每 4m 设置伸缩节；外墙雨水管支架应穿过外墙保温层固定在结构上。

3.给水排水工程	3.1 屋面	
3.1.4 太阳能 集热板	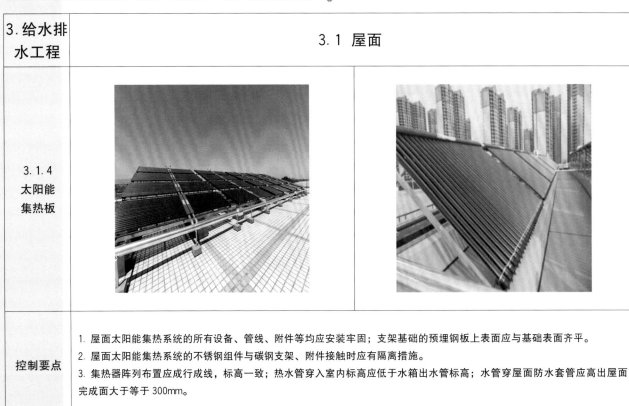	
控制要点	1. 屋面太阳能集热系统的所有设备、管线、附件等均应安装牢固；支架基础的预埋钢板上表面应与基础表面齐平。 2. 屋面太阳能集热系统的不锈钢组件与碳钢支架、附件接触时应有隔离措施。 3. 集热器阵列布置应成行成线，标高一致；热水管穿入室内标高应低于水箱出水管标高；水管穿屋面防水套管应高出屋面完成面大于等于300mm。	

3.给水排水工程	3.2 标准层
3.2.1 整体排布	
控制要点	1. 管线排布原则：先大后小，先无压后有压，水电分设，电上水下，风上水下，保温上非保温下等；走道中线宜留出检修通道，宽度宜不小于 400mm。 2. 管道应排布合理，各类管道标识清晰；吊顶内管道主控阀处应设置便于检修的检查孔。 3. 吊顶上设备末端排布成行成线，与装饰分格协调一致。

3.给水排水工程	3.2 标准层
3.2.2 成排洁具 安装	 
控制要点	1. 成排洁具布置间距均衡，标高一致；与装饰配合，排布与墙面、地面砖对缝或居中。 2. 洁具安装平正美观、牢固可靠，同一部位洁具安装标高及距墙距离一致，配件朝向一致；固定件均应采用镀锌件。 3. 公共场所卫生间水嘴、冲洗阀均应为非接触式。

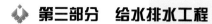

3. 给水排 水工程	3.2 标准层	
3.2.3 地漏	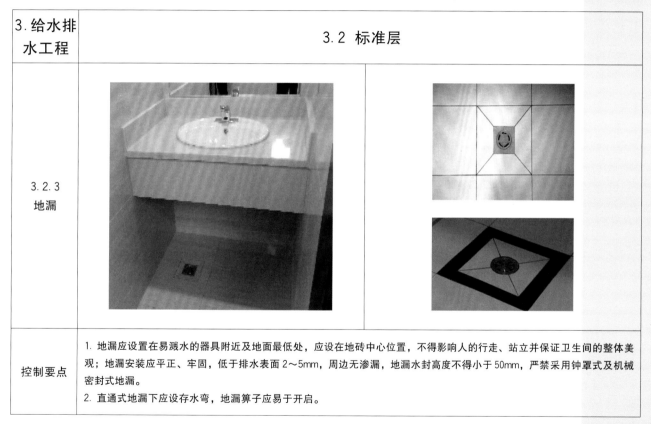	
控制要点	1. 地漏应设置在易溅水的器具附近及地面最低处，应设在地砖中心位置，不得影响人的行走、站立并保证卫生间的整体美观；地漏安装应平正、牢固，低于排水表面 2～5mm，周边无渗漏，地漏水封高度不得小于 50mm，严禁采用钟罩式及机械密封式地漏。 2. 直通式地漏下应设存水弯，地漏算子应易于开启。	

3.给水排水工程	3.2　标准层	
3.2.4 坐便器 （壁挂式）	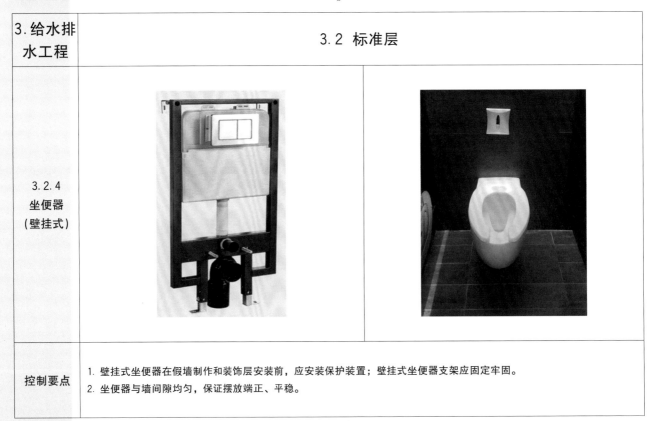	
控制要点	1. 壁挂式坐便器在假墙制作和装饰层安装前，应安装保护装置；壁挂式坐便器支架应固定牢固。 2. 坐便器与墙间隙均匀，保证摆放端正、平稳。	

3.给水排水工程	3.2 标准层
3.2.5 坐便器 (落地式)	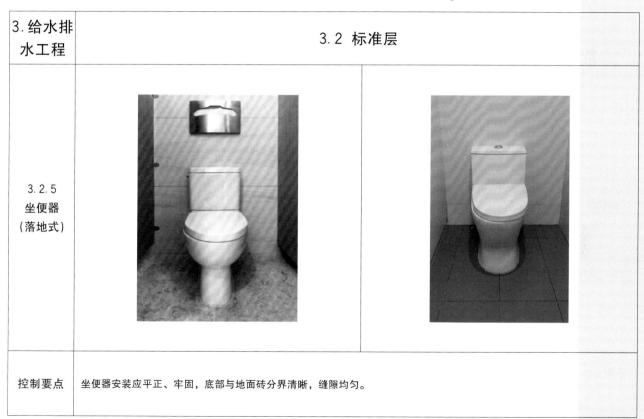
控制要点	坐便器安装应平正、牢固，底部与地面砖分界清晰，缝隙均匀。

3. 给水排水工程	3.2 标准层
3.2.6 蹲便器	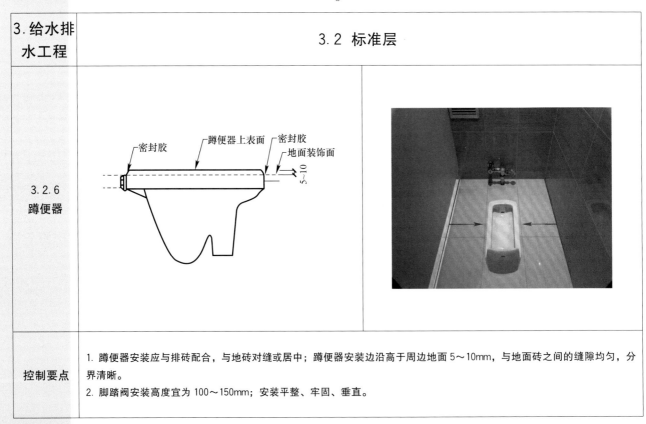
控制要点	1. 蹲便器安装应与排砖配合，与地砖对缝或居中；蹲便器安装边沿高于周边地面 5～10mm，与地面砖之间的缝隙均匀，分界清晰。 2. 脚踏阀安装高度宜为 100～150mm；安装平整、牢固、垂直。

3.给水排水工程	3.2 标准层
3.2.7 台下洗手盆	  
控制要点	1. 台下盆与台面接缝处应打胶密封，胶缝平滑细腻。 2. 台下盆应设置独立支架并可拆卸，洗手盆陶瓷面与金属支架间设置210mm橡胶垫。 3. 洗手盆预留排水管高度宜与装饰地面齐平，洗手盆下水管与排水管道宜用优质防霉密封胶封堵严密，接口无渗漏。装饰护口应将排水口罩住。 4. 水龙头与台面间应加橡胶或塑料垫片。

3. 给水排水工程	3.2 标准层
3.2.8 存水弯	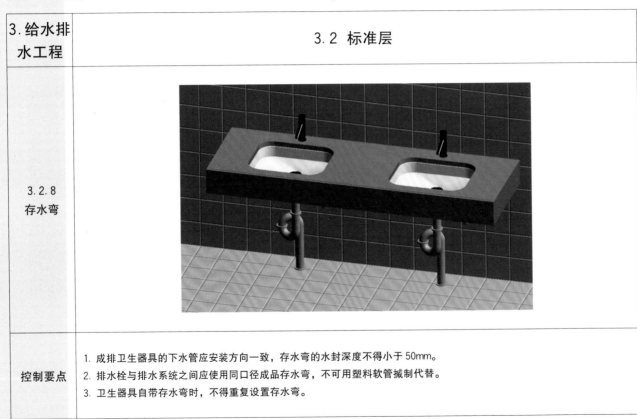
控制要点	1. 成排卫生器具的下水管应安装方向一致，存水弯的水封深度不得小于 50mm。 2. 排水栓与排水系统之间应使用同口径成品存水弯，不可用塑料软管揻制代替。 3. 卫生器具自带存水弯时，不得重复设置存水弯。

3.给水排 水工程	3.2 标准层
3.2.9 小便器	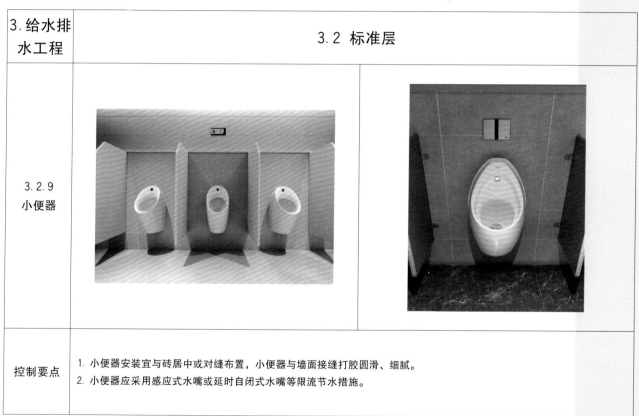

控制要点	1. 小便器安装宜与砖居中或对缝布置，小便器与墙面接缝打胶圆滑、细腻。 2. 小便器应采用感应式水嘴或延时自闭式水嘴等限流节水措施。

3.给水排水工程	3.2 标准层
3.2.10 无障碍卫生洁具	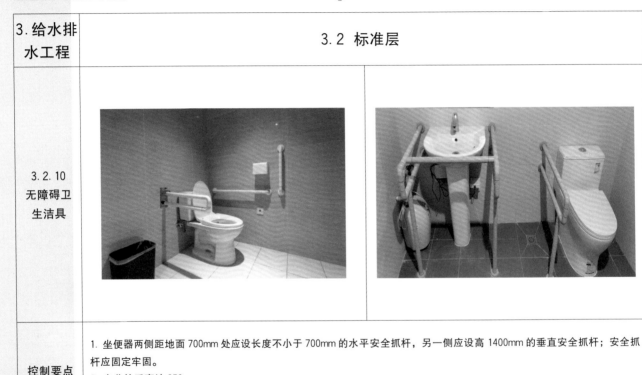
控制要点	1. 坐便器两侧距地面 700mm 处应设长度不小于 700mm 的水平安全抓杆，另一侧应设高 1400mm 的垂直安全抓杆；安全抓杆应固定牢固。 2. 台盆扶手离地 850mm。 3. 紧急呼叫盒安装于距地面高 450mm 墙面处。

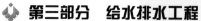

3.给水排 水工程	3.2 标准层
3.2.11 热水器 (电、燃气)	
控制要点	1. 热水器的安装面应坚固，具有足够的承重能力。 2. 电源插座应预留在热水器电源一侧，距离热水器净距不小于150mm；连接热水器的进出水管间距应与热水器进出水管位置保持一致；角阀接热水器软管长度不小于400mm。 3. 太阳能热水器热媒侧供回水管道，供水设电磁阀，回水设截止阀；阀门宜设置在软管前，与热媒立管不应有多余接口；太阳能热水器最低处应安装泄水装置。 4. 严禁在浴室内安装燃气热水器。

3. 给水排水工程	3.2 标准层	
3.2.12 散热器	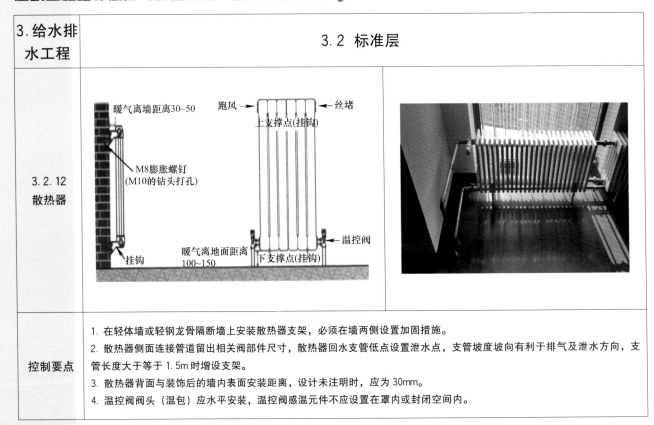	
控制要点	1. 在轻体墙或轻钢龙骨隔断墙上安装散热器支架，必须在墙两侧设置加固措施。 2. 散热器侧面连接管道留出相关阀部件尺寸，散热器回水支管低点设置泄水点，支管坡度坡向有利于排气及泄水方向，支管长度大于等于 1.5m 时增设支架。 3. 散热器背面与装饰后的墙内表面安装距离，设计未注明时，应为 30mm。 4. 温控阀阀头（温包）应水平安装，温控阀感温元件不应设置在罩内或封闭空间内。	

3.给水排水工程	3.2　标准层
3.2.13 补偿器	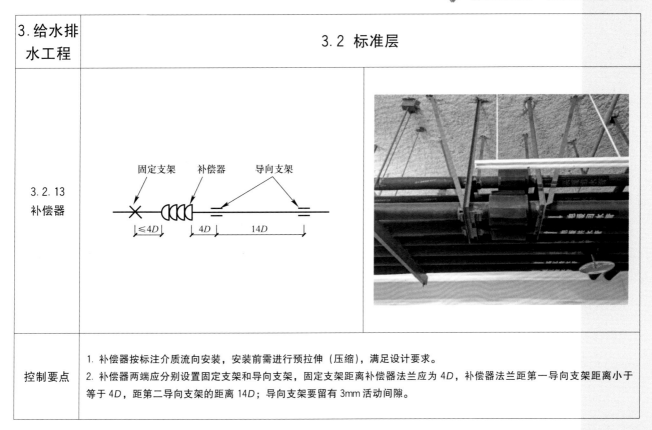
控制要点	1. 补偿器按标注介质流向安装，安装前需进行预拉伸（压缩），满足设计要求。 2. 补偿器两端应分别设置固定支架和导向支架，固定支架距补偿器法兰应为 4D，补偿器法兰距第一导向支架距离小于等于 4D，距第二导向支架的距离 14D；导向支架要留有 3mm 活动间隙。

3.给水排水工程	3.2 标准层
3.2.13 补偿器	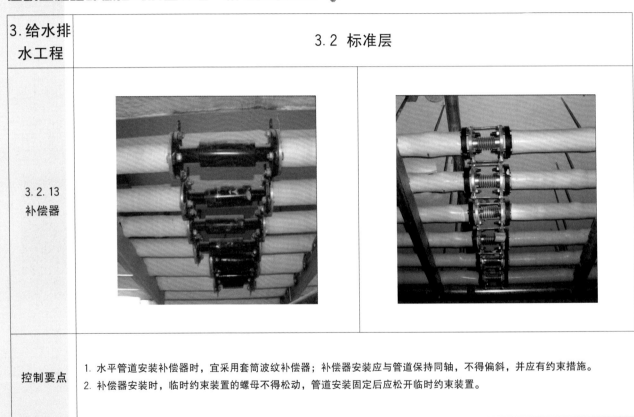
控制要点	1. 水平管道安装补偿器时，宜采用套筒波纹补偿器；补偿器安装应与管道保持同轴，不得偏斜，并应有约束措施。 2. 补偿器安装时，临时约束装置的螺母不得松动，管道安装固定后应松开临时约束装置。

3.给水排水工程	3.2 标准层
3.2.14 消火栓箱 安装	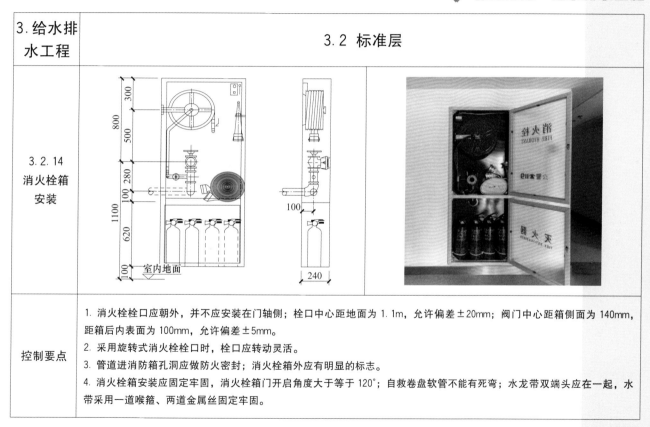
控制要点	1. 消火栓栓口应朝外，并不应安装在门轴侧；栓口中心距地面为1.1m，允许偏差±20mm；阀门中心距箱侧面为140mm，距箱后内表面为100mm，允许偏差±5mm。 2. 采用旋转式消火栓栓口时，栓口应转动灵活。 3. 管道进消防箱孔洞应做防火密封；消火栓箱外应有明显的标志。 4. 消火栓箱安装应固定牢固，消火栓箱门开启角度大于等于120°；自救卷盘软管不能有死弯；水龙带双端头应在一起，水带采用一道喉箍、两道金属丝固定牢固。

3. 给水排 水工程	3.2　标准层	
3.2.15 灭火器		
控制要点	1. 灭火器布置位置、数量应严格按照图纸要求配置到位，不得擅自降低灭火器容量、和减少数量。 2. 灭火器应在检定合格期限内，灭火器压力表指针应处于绿色区域。 3. 灭火器应放置于灭火器箱内，未设置灭火器箱的，应置于消防箱正下方。	

3.给水排水工程	3.2 标准层
3.2.16 喷洒头安装	
控制要点	1. 喷洒头安装必须在系统试压、冲洗合格后进行；喷洒头密封性能试验数量应从每批次中抽查 1%，并不得少于 5 只，试验压力应为 3.0MPa，保压时间不得少于 3min。 2. 管道支、吊架与喷头之间的净距不宜小于 300mm；与末端喷洒头之间的管段长度不宜大于 750mm；末端喷头前应设置防晃支架；喷洒头安装过低时，应加防护罩。 3. 严禁给喷洒头、隐蔽式喷洒头的装饰盖板附加任何装饰性涂层。

3.给水排水工程	3.2 标准层

<table>
<tr><td rowspan="2">3.2.16
喷洒头
安装</td><td>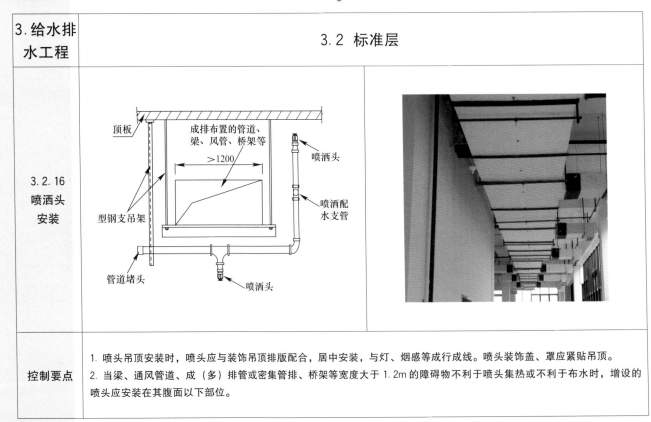</td></tr>
</table>

顶板

成排布置的管道、梁、风管、桥架等

>1200

喷洒头

喷洒配水支管

型钢支吊架

管道堵头

喷洒头

控制要点	1. 喷头吊顶安装时，喷头应与装饰吊顶排版配合，居中安装，与灯、烟感等成行成线。喷头装饰盖、罩应紧贴吊顶。 2. 当梁、通风管道、成（多）排管或密集管排、桥架等宽度大于1.2m的障碍物不利于喷头集热或不利于布水时，增设的喷头应安装在其腹面以下部位。

3.给水排 水工程	3.2 标准层	
3.2.17 末端试水 装置（阀）	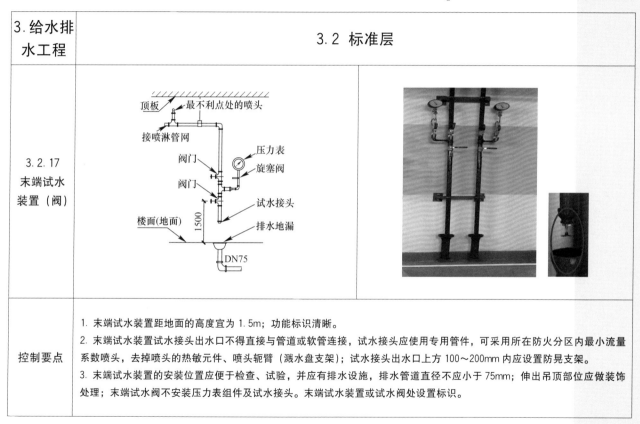	
控制要点	1. 末端试水装置距地面的高度宜为 1.5m；功能标识清晰。 2. 末端试水装置试水接头出水口不得直接与管道或软管连接，试水接头应使用专用管件，可采用所在防火分区内最小流量系数喷头，去掉喷头的热敏元件、喷头轭臂（溅水盘支架）；试水接头出水口上方 100～200mm 内应设置防晃支架。 3. 末端试水装置的安装位置应便于检查、试验，并应有排水设施，排水管道直径不应小于 75mm；伸出吊顶部位应做装饰处理；末端试水阀不安装压力表组件及试水接头。末端试水装置或试水阀处设置标识。	

3.给水排水工程	3.2　标准层

<table>
<tr><td rowspan="2">3.2.18
消防水炮</td><td>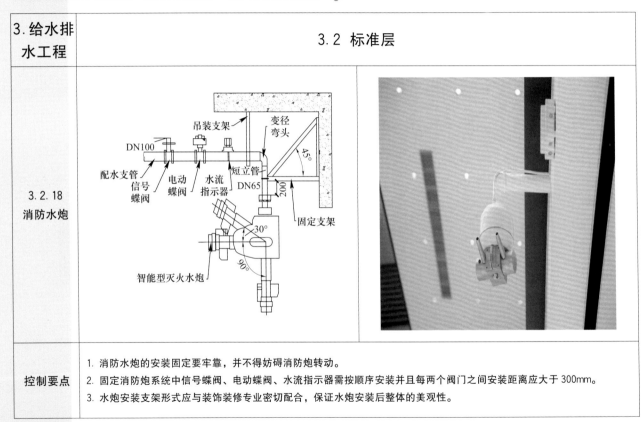</td></tr>
</table>

图中标注：
吊装支架
变径弯头
DN100
配水支管
信号蝶阀
电动蝶阀
水流指示器
短立管 DN65
45°
200
固定支架
30°
90°
智能型灭火水炮

控制要点	1. 消防水炮的安装固定要牢靠，并不得妨碍消防炮转动。 2. 固定消防炮系统中信号蝶阀、电动蝶阀、水流指示器需按顺序安装并且每两个阀门之间安装距离应大于300mm。 3. 水炮安装支架形式应与装饰装修专业密切配合，保证水炮安装后整体的美观性。

3. 给水排水工程	3.3 管井

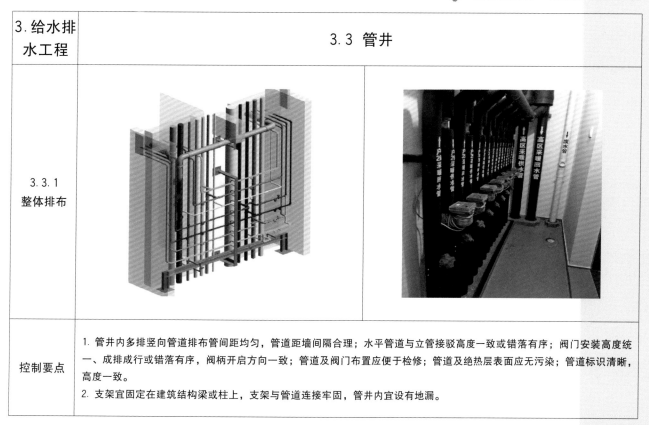

| 3.3.1 整体排布 | |

| 控制要点 | 1. 管井内多排竖向管道排布管间距均匀，管道距墙间隔合理；水平管道与立管接驳高度一致或错落有序；阀门安装高度统一、成排成行或错落有序，阀柄开启方向一致；管道及阀门布置应便于检修；管道及绝热层表面应无污染；管道标识清晰，高度一致。
2. 支架宜固定在建筑结构梁或柱上，支架与管道连接牢固，管井内宜设有地漏。 |

3. 给水排水工程	3.3　管井
3.3.2 计量器具安装	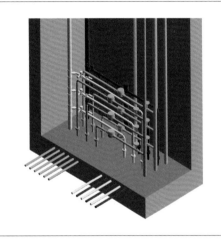
控制要点	1. 管井内计量器具安装高度宜距地 150～1600mm。 2. 安装螺翼式水表，表前与阀应有大于等于 8 倍水表接口直径的直线管段；表外壳距墙表面净距为 10～30mm；DN50 及以上水表下方应设独立托架；水表外壳上箭头的指示方向应与水流方向一致。 3. 户用热量表的流量传感器配件应齐全，远传热量表的信号线应有序布置；热量表前应设置过滤器，热量表执行机构应露出绝热层。

3.给水排 水工程	3.3 管井
3.3.3 PVC排水 管伸缩节 安装	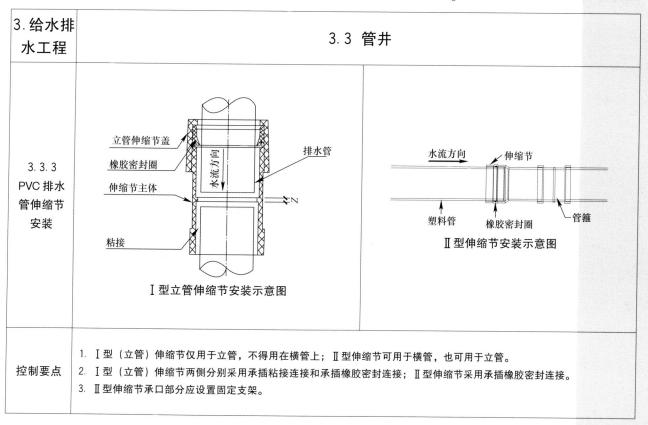 Ⅰ型立管伸缩节安装示意图 Ⅱ型伸缩节安装示意图
控制要点	1. Ⅰ型（立管）伸缩节仅用于立管，不得用在横管上；Ⅱ型伸缩节可用于横管，也可用于立管。 2. Ⅰ型（立管）伸缩节两侧分别采用承插粘接连接和承插橡胶密封连接；Ⅱ型伸缩节采用承插橡胶密封连接。 3. Ⅱ型伸缩节承口部分应设置固定支架。

3. 给水排水工程	3.3 管井
3.3.3 PVC 排水管伸缩节安装	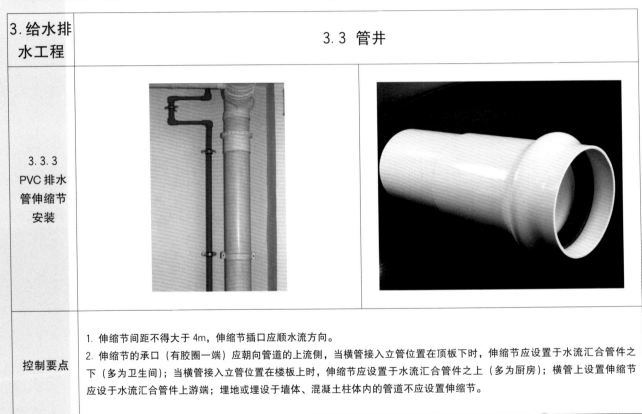
控制要点	1. 伸缩节间距不得大于 4m，伸缩节插口应顺水流方向。 2. 伸缩节的承口（有胶圈一端）应朝向管道的上流侧，当横管接入立管位置在顶板下时，伸缩节应设置于水流汇合管件之下（多为卫生间）；当横管接入立管位置在楼板上时，伸缩节应设置于水流汇合管件之上（多为厨房）；横管上设置伸缩节应设于水流汇合管件上游端；埋地或埋设于墙体、混凝土柱体内的管道不应设置伸缩节。

3.给水排水工程	3.3 管井	
3.3.4 排水塑料管道阻火圈安装	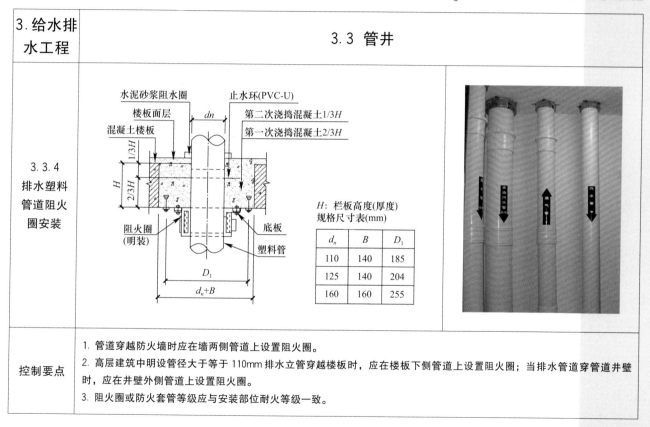	
控制要点	1. 管道穿越防火墙时应在墙两侧管道上设置阻火圈。 2. 高层建筑中明设管径大于等于110mm排水立管穿越楼板时,应在楼板下侧管道上设置阻火圈;当排水管道穿管道井壁时,应在井壁外侧管道上设置阻火圈。 3. 阻火圈或防火套管等级应与安装部位耐火等级一致。	

H:栏板高度(厚度)规格尺寸表(mm)

d_n	B	D_1
110	140	185
125	140	204
160	160	255

3.给水排水工程	3.4 地下室部分
3.4.1 整体排布	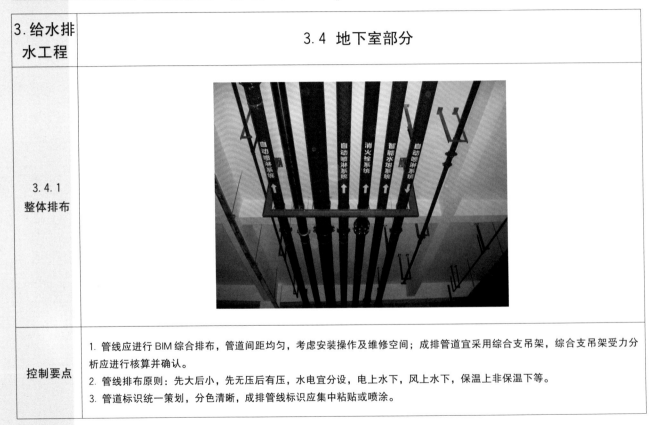
控制要点	1. 管线应进行 BIM 综合排布，管道间距均匀，考虑安装操作及维修空间；成排管道宜采用综合支吊架，综合支吊架受力分析应进行核算并确认。 2. 管线排布原则：先大后小，先无压后有压，水电宜分设，电上水下，风上水下，保温上非保温下等。 3. 管道标识统一策划，分色清晰，成排管线标识应集中粘贴或喷涂。

3.给水排水工程	3.4 地下室部分

3.4.2 排水检查口（清扫口）安装	

控制要点	1. 检查口中心高度距操作地面为 1m，允许偏差±20mm；检查口的朝向应便于检修；暗装立管时，在检查口处应安装检修门。 2. 排水立管上连接排水横支管的楼层应设检查口，且建筑物底层必须设置。 3. 立管水平拐弯或有乙字弯管时，在该层立管拐弯处和乙字弯管的上部应设置检查口；在转角小于 135°的污水横管上，应设置检查口。

151

3.给水排水工程	3.4 地下室部分
3.4.3 不锈钢管 安装	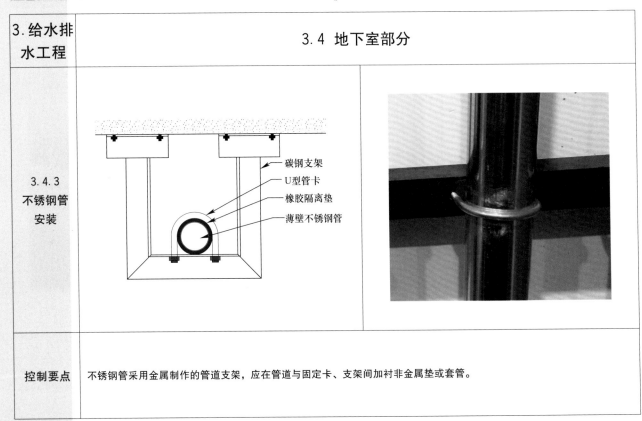
控制要点	不锈钢管采用金属制作的管道支架，应在管道与固定卡、支架间加衬非金属垫或套管。

图中标注：
碳钢支架
U型管卡
橡胶隔离垫
薄壁不锈钢管

3.给水排 水工程	3.4 地下室部分	
3.4.4 潜污泵 安装	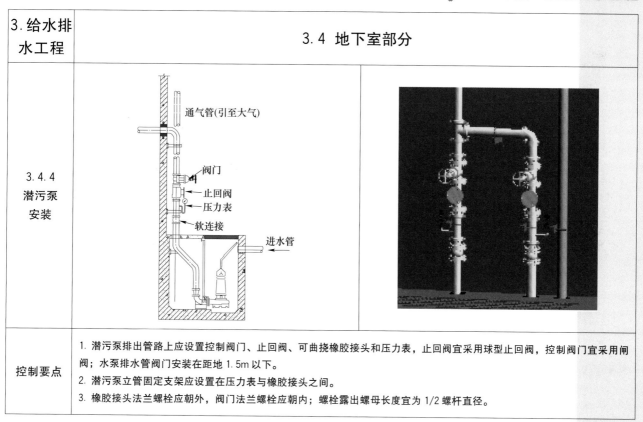	
控制要点	1. 潜污泵排出管路上应设置控制阀门、止回阀、可曲挠橡胶接头和压力表，止回阀宜采用球型止回阀，控制阀门宜采用闸阀；水泵排水管阀门安装在距地 1.5m 以下。 2. 潜污泵立管固定支架应设置在压力表与橡胶接头之间。 3. 橡胶接头法兰螺栓应朝外，阀门法兰螺栓应朝内；螺栓露出螺母长度宜为 1/2 螺杆直径。	

3.给水排水工程	3.5 室外部分	
3.5.1 室外消火栓 (地上式)	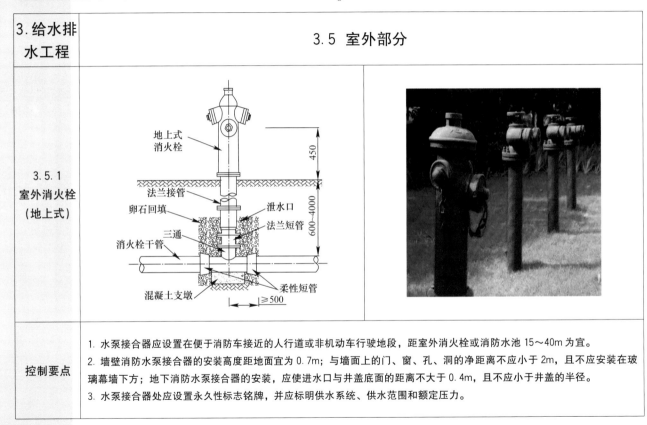	
控制要点	1. 水泵接合器应设置在便于消防车接近的人行道或非机动车行驶地段，距室外消火栓或消防水池 15～40m 为宜。 2. 墙壁消防水泵接合器的安装高度距地面宜为 0.7m；与墙面上的门、窗、孔、洞的净距离不应小于 2m，且不应安装在玻璃幕墙下方；地下消防水泵接合器的安装，应使进水口与井盖底面的距离不大于 0.4m，且不应小于井盖的半径。 3. 水泵接合器处应设置永久性标志铭牌，并应标明供水系统、供水范围和额定压力。	

3.给水排水工程	3.5 室外部分
3.5.2 室外消火栓（地下式）	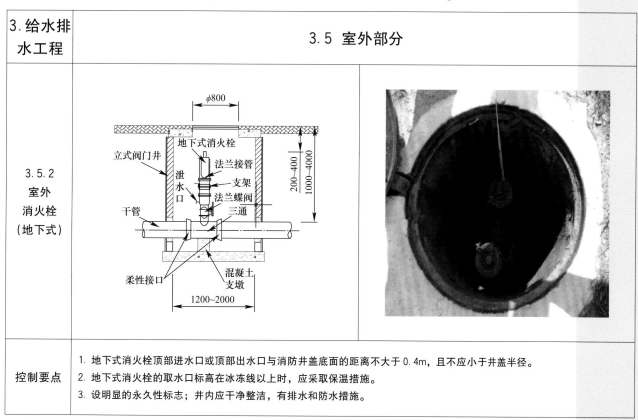
控制要点	1. 地下式消火栓顶部进水口或顶部出水口与消防井盖底面的距离不大于 0.4m，且不应小于井盖半径。 2. 地下式消火栓的取水口标高在冰冻线以上时，应采取保温措施。 3. 设明显的永久性标志；井内应干净整洁，有排水和防水措施。

3.给水排水工程	3.5　室外部分
3.5.3 消防水泵 接合器 (墙壁式)	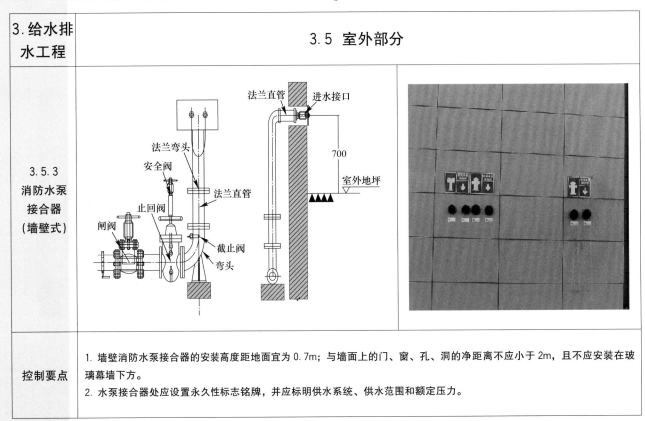
控制要点	1. 墙壁消防水泵接合器的安装高度距地面宜为 0.7m；与墙面上的门、窗、孔、洞的净距离不应小于 2m，且不应安装在玻璃幕墙下方。 2. 水泵接合器处应设置永久性标志铭牌，并应标明供水系统、供水范围和额定压力。

3. 给水排水工程	3.5 室外部分
3.5.4 消防水泵接合器（地下式）	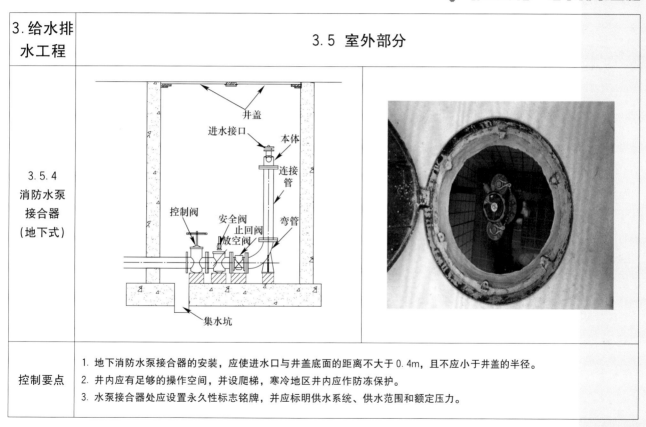
控制要点	1. 地下消防水泵接合器的安装，应使进水口与井盖底面的距离不大于 0.4m，且不应小于井盖的半径。 2. 井内应有足够的操作空间，并设爬梯，寒冷地区井内应作防冻保护。 3. 水泵接合器处应设置永久性标志铭牌，并应标明供水系统、供水范围和额定压力。

3. 给水排水工程	**3.6 重点机房——消防泵房**
3.6.1 整体排布	
控制要点	1. 机房管线深化应保证运行功能优先，方便操作，管线高度（标高）层次分明。 2. 管线复杂且管径大的优先采用大型、落地式共用管架，共用管架需要进行负荷计算并取得确认；水泵房主要通道的宽度应大于等于1.2m。 3. 设备成排成线，固定牢固、隔振有效、运行平稳；传动设备采用软接头连接管道，减振器（垫）受力均匀。 4. 阀门、仪表、管件标高一致、朝向正确，方便操作；设备、管线标识清晰。 5. 排水沟设置便于设备及阀门部件检修，不宜利用瓷砖铺贴导流槽代替排水沟。

3.给水排水工程	3.6 重点机房——消防泵房
3.6.2 管道、设备安装	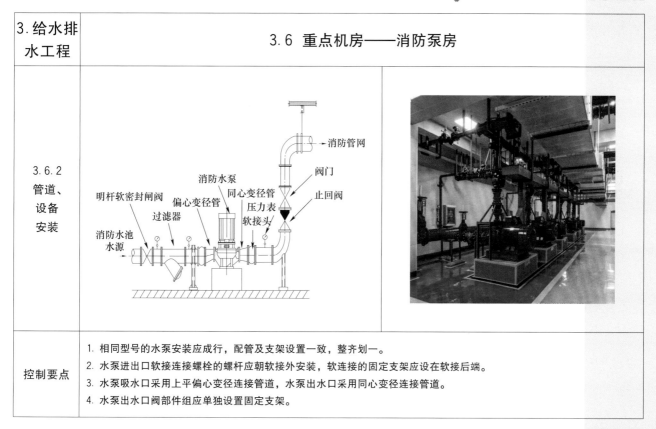
控制要点	1. 相同型号的水泵安装应成行，配管及支架设置一致，整齐划一。 2. 水泵进出口软接连接螺栓的螺杆应朝软接外安装，软连接的固定支架应设在软接后端。 3. 水泵吸水口采用上平偏心变径连接管道，水泵出水口采用同心变径连接管道。 4. 水泵出水口阀部件组应单独设置固定支架。

3.给水排水工程	3.6　重点机房——消防泵房
3.6.3 水泵安装	
控制要点	1. 对于成排立式水泵，其设备中线应在一条直线上；对于成排卧式水泵，其水泵出水口应在一条直线上；泵前后阀门、附件应在一条直线上，且高度统一。泵房主要人行通道宽度不宜小于1.2m，电气控制柜前通道宽度不宜小于1.5m。 2. 地脚螺栓应配置弹簧垫、平光垫。固定螺栓露出螺母的长度为螺栓直径的1/2，没有锈蚀，地脚螺栓应选用热镀锌螺栓。 3. 消防水泵除设计要求外，原则上不做减振措施；水泵机组基础，无隔振安装应比水泵机组底座四周各宽出100～150mm；有隔振安装应比水泵隔振台座四周各宽出150mm。 4. 水泵吸入管和排出管变径时，吸入管应做上平偏心变径，排出管应做同心变径。

3. 给水排水工程	3.6　重点机房——消防泵房
3.6.4 阀门安装	
控制要点	1. 水泵吸水管上应设置明杆闸阀或带自锁装置的蝶阀，管径超过 DN300 时，宜设置电动阀门，阀门应单独设置支架。 2. 水泵出水管上应设止回阀、明杆闸阀；当采用蝶阀时，应带有自锁装置；管径超过 DN300 时，宜设置电动阀门。

3.给水排 水工程	3.6　重点机房——消防泵房
3.6.5 压力表 安装	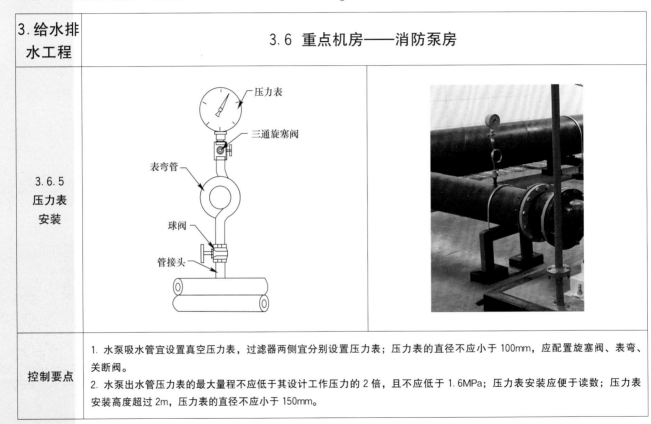
控制要点	1. 水泵吸水管宜设置真空压力表，过滤器两侧宜分别设置压力表；压力表的直径不应小于100mm，应配置旋塞阀、表弯、关断阀。 2. 水泵出水管压力表的最大量程不应低于其设计工作压力的2倍，且不应低于1.6MPa；压力表安装应便于读数；压力表安装高度超过2m，压力表的直径不应小于150mm。

3.给水排水工程	3.6 重点机房——消防泵房
3.6.6 水锤消除器安装	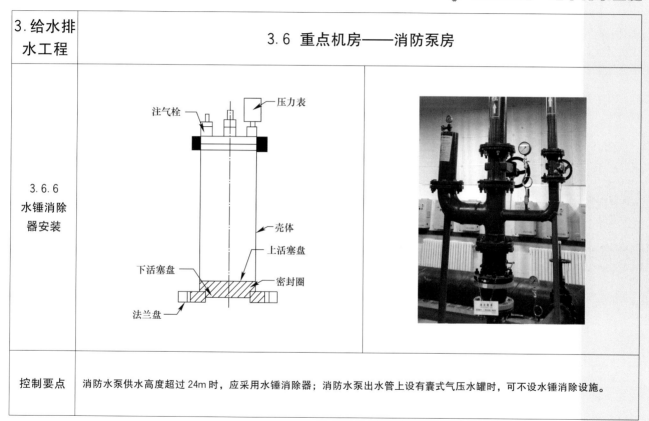
控制要点	消防水泵供水高度超过 24m 时，应采用水锤消除器；消防水泵出水管上设有囊式气压水罐时，可不设水锤消除设施。

3.给水排水工程	3.6 重点机房——消防泵房
3.6.7 报警阀组 安装	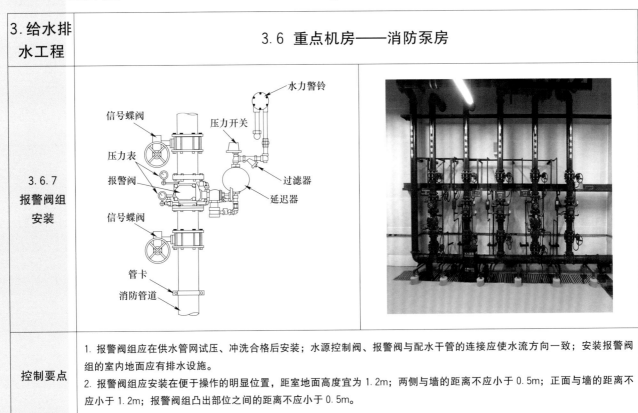
控制要点	1. 报警阀组应在供水管网试压、冲洗合格后安装；水源控制阀、报警阀与配水干管的连接应使水流方向一致；安装报警阀组的室内地面应有排水设施。 2. 报警阀组应安装在便于操作的明显位置，距室地面高度宜为 1.2m；两侧与墙的距离不应小于 0.5m；正面与墙的距离不应小于 1.2m；报警阀组凸出部位之间的距离不应小于 0.5m。

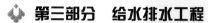

3.给水排 水工程	3.6 重点机房——消防泵房
3.6.8 消防水池 配管	
控制要点	1. 消防水池水泵吸水口套管应为柔性防水套管。 2. 溢流管及通气管管口处应设置防虫网，溢流管接入排水沟前应设置空气隔离措施。 3. 溢流管、泄水管末端应分别排向排水沟并不得伸进排水沟，并留有不小于150mm的间隙。

3.给水排水工程	3.6　重点机房——消防泵房
3.6.9 水力警铃	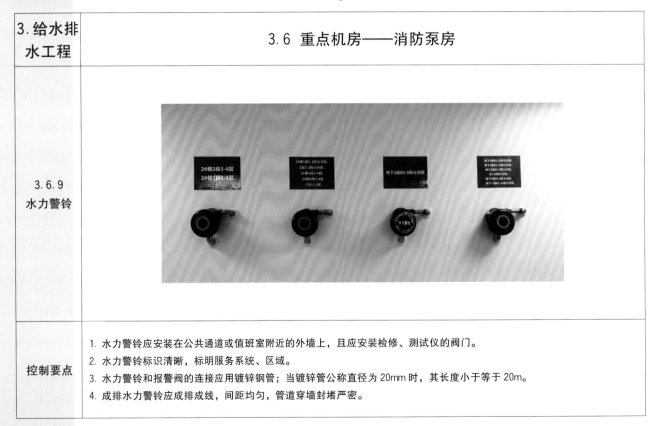
控制要点	1. 水力警铃应安装在公共通道或值班室附近的外墙上，且应安装检修、测试仪的阀门。 2. 水力警铃标识清晰，标明服务系统、区域。 3. 水力警铃和报警阀的连接应用镀锌钢管；当镀锌管公称直径为 20mm 时，其长度小于等于 20m。 4. 成排水力警铃应成排成线，间距均匀，管道穿墙封堵严密。

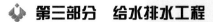

3. 给水排水工程	3.7 重点机房——给水（中水）泵房
3.7.1 给水设备 安装	
控制要点	1. 生活饮用水水池（箱）及生活给水设施，不应设置于与厕所、垃圾间、污（废）水泵房，污（废）水处理机房及其他污染源毗邻的房间内；其上层不应有上述用房及浴室、盥洗室、厨房、洗衣房和其他产生污染源的房间；排水管道不得布置在生活饮用水池（箱）的上方。 2. 给水泵房墙、地面应粘贴瓷砖，给水机房顶棚涂料及吊顶材料应选用防霉变材质。 3. 给水变频泵组进出水侧应有减振措施。 4. 无负压设备机组各设备减振措施应分开独立设置。

3. 给水排水工程	3.7　重点机房——给水（中水）泵房
3.7.2 不锈钢水箱安装	
控制要点	1. 不锈钢水箱基础可采用混凝土条形梁；水箱底面与碳钢支架间应用橡胶垫隔离，不锈钢法兰与镀锌法兰组对连接，螺栓及垫片需做隔离处理，防止电化学腐蚀。 2. 不锈钢水箱透气管、溢流管应加设防虫网。 3. 进水管口最低点高出溢流边缘的空气间隙不应小于150mm，且中水、雨水回用水箱不得小于进水管管径的2.5倍。 4. 水箱溢流管与泄水管应分别单独排向排水沟，溢流管口与排水沟之间空气间隙大于等于150mm。

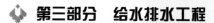
3.给水排 水工程	3.7　重点机房——给水（中水）泵房
3.7.2 不锈钢水箱 安装	
控制要点	1. 不锈钢水箱顶部人孔盖与盖座之间用富有弹性的无毒发泡材料嵌缝，人孔盖应加锁。 2. 水位计应有指示最高、最低安全水位的明显标志，易损坏的表管应有保护装置；水位计顶部阀门应低于溢流管水位，底部应有泄水旋塞；水位计应有冲洗、防冻措施。 3. 水箱应标识清晰，标明用途、容积。

3. 给水排水工程	3.8　重点机房——消防水箱间
3.8.1 消防水箱	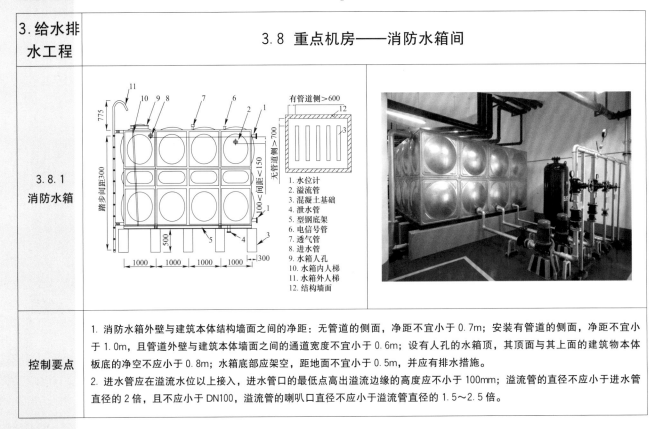 1. 水位计 2. 溢流管 3. 混凝土基础 4. 泄水管 5. 型钢底架 6. 电信号管 7. 透气管 8. 进水管 9. 水箱人孔 10. 水箱内人梯 11. 水箱外人梯 12. 结构墙面
控制要点	1. 消防水箱外壁与建筑本体结构墙面之间的净距：无管道的侧面，净距不宜小于 0.7m；安装有管道的侧面，净距不宜小于 1.0m，且管道外壁与建筑本体墙面之间的通道宽度不宜小于 0.6m；设有人孔的水箱顶，其顶面与其上面的建筑物本体板底的净空不应小于 0.8m；水箱底部应架空，距地面不宜小于 0.5m，并应有排水措施。 2. 进水管应在溢流水位以上接入，进水管口的最低点高出溢流边缘的高度应不小于 100mm；溢流管的直径不应小于进水管直径的 2 倍，且不应小于 DN100，溢流管的喇叭口直径不应小于溢流管直径的 1.5～2.5 倍。

3.给水排水工程	3.8 重点机房——消防水箱间

3.8.2 试验消火栓	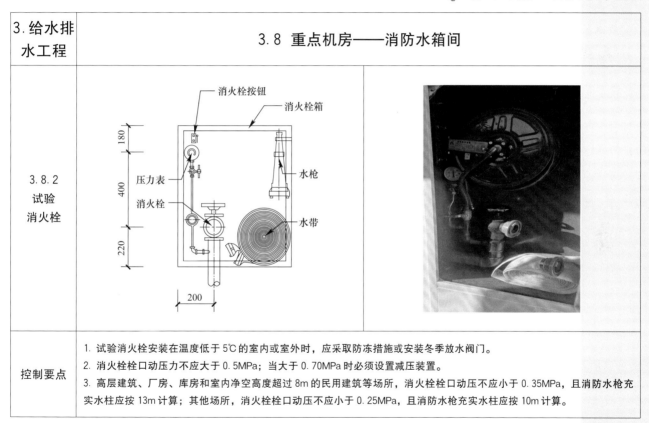

控制要点	1. 试验消火栓安装在温度低于5℃的室内或室外时,应采取防冻措施或安装冬季放水阀门。 2. 消火栓栓口动压力不应大于0.5MPa;当大于0.70MPa时必须设置减压装置。 3. 高层建筑、厂房、库房和室内净空高度超过8m的民用建筑等场所,消火栓栓口动压不应小于0.35MPa,且消防水枪充实水柱应按13m计算;其他场所,消火栓口动压不应小于0.25MPa,且消防水枪充实水柱应按10m计算。

3.给水排水工程	3.8　重点机房——消防水箱间
3.8.3 气压罐	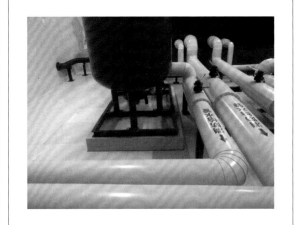
控制要点	1. 气压罐应与地面生根放置，牢固安装，且不宜与水泵设备共用减振台架。 2. 气压罐下方法兰与系统管道应使用同口径金属管道刚性连接，不得使用软管连接。 3. 气压罐顶部应设置安全阀，安全阀应进行检定；安全阀的泄压管不应安装阀门，泄压管就近引至排水沟。

3.给水排水工程	3.9 重点机房——换热站

3.9.1 综合排布	

控制要点	1. 换热站内设置连通的排水沟槽并引至检修泄水设备处，保证管道和设备排水集中引出。泄水口应朝下设置，除排放高温热水外，与排水沟箅子距离宜为 100mm，排放高温热水的泄水口应伸进排水沟箅子。 2. 换热站内设置足够的设备检修、拆卸空间，换热器侧面距墙不小于 0.8m，周围留有宽度不小于 0.7m 的通道。 3. 换热站内各种设备和阀门的布置便于操作和检修，站内各种水管及设备的高处设有放气阀，低处设有放水阀。 4. 安全阀泄压管应直接引至排水沟，且泄压管路上不应有切断阀。 5. 分（集）水器基础应高出地面完成面 50mm，分（集）水器与地面净距宜为 700mm。

3.给水排 水工程	**3.9　重点机房——换热站**
3.9.2 压力表 温度计 安装	
控制要点	1. 仪表表盘朝向应便于观察；同一机房的仪表朝向应一致，成排仪表应标高统一。 2. 温度计、压力表同部位安装时，应顺水流方向压力表在前、温度计在后。如温度计在压力表前，两者之间安装距离应大于等于 300mm；压力表安装高度在 2m 以上，表盘直径不应小于 150mm。 3. 大管径管道安装温度计时，取源位置应为斜 45°逆水流方向深入管道内 1/2 长度，设置在弯头处时，应沿管道中心线逆水流方向。 4. 压力表不应直接固定在有强烈震动的设备或管道上；安装压力表时应加设表弯，压力表和表弯之间应安装旋塞阀，表弯与系统管道连接时宜设置隔离阀门；压力表量程应为系统工作压力的 1.5～2 倍。

3.给水排水工程	**3.10 重点机房——气体灭火机房**

气瓶间布置	

气瓶间布置图标注：称重捡漏装置、手柄、误喷射防护帽、容器阀、瓶组铭牌、容器、二氧化碳CO₂、虹吸管、灭火剂

控制要点	1. 压力表、液位计和称重显示装置安装位置要便于人员观察和操作。 2. 气体灭火系统的安全阀要通过专用泄压管接至室外；连接储存容器与集流管间的单向阀指示接头应指向流动方向，集流管泄压装置的泄压方向不应朝向操作面。 3. 支架、框架固定牢固，需要做防腐处理；储存容器宜涂红色油漆，正面标明灭火剂名称和容器编号。

第四部分　电气工程

4.电气 工程	4.1 屋面
4.1.1 整体要求	
控制要点	1. 屋面设有排烟风机、冷却塔等设备，有管线、槽盒、防雷、景观照明灯具等。 2. 为实现屋面美观，功能完善，必须进行二次深化设计，与土建、装饰密切配合，统一策划。

4.电气 工程	4.1 屋面
4.1.2 室外槽盒 安装	  泄水孔
控制要点	1. 槽盒材质为防潮、防腐型。 2. 槽盒具有防水结构，盖板为人字形防水盖板，盖板搭接片内衬柔性密封条，底部设泄水孔，且有标识。 3. 室外及设备机房等部位的涂塑金属槽盒跨接保护联结导体应选用截面积不小于 $6mm^2$ 黄绿色绝缘铜芯软导线连接。

4. 电气 工程	4.1 屋面

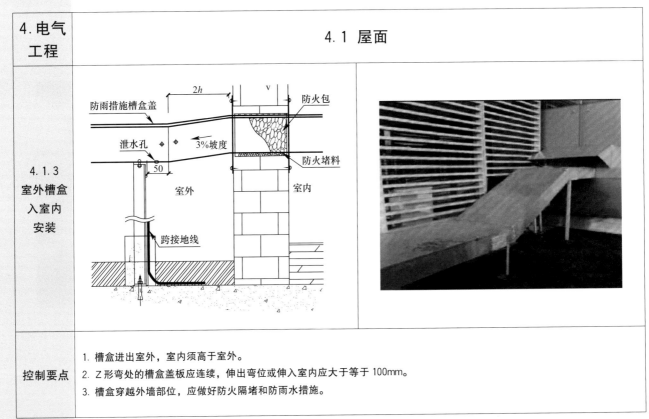

4.1.3
室外槽盒
入室内
安装

控制要点

1. 槽盒进出室外，室内须高于室外。
2. Z形弯处的槽盒盖板应连续，伸出弯位或伸入室内应大于等于100mm。
3. 槽盒穿越外墙部位，应做好防火隔堵和防雨水措施。

4.电气工程	4.1　屋面
4.1.4 室外配电箱（柜）安装	
控制要点	1. 室外安装的配电箱、柜的箱体防护等级不宜低于 IP54。 2. 箱与墙体接触部分用密封胶封堵严密。 3. 室外安装的落地式配电柜、箱的基础应高出地平不小于 200mm，周围排水应通畅，其底座周围应采取封闭措施。安装牢固、位置正确、部件齐全，安装高度应符合设计要求，垂直度允许偏差不应大于 1.5‰。

4.电气 工程	4.1 屋面
4.1.5 接闪带 支架安装	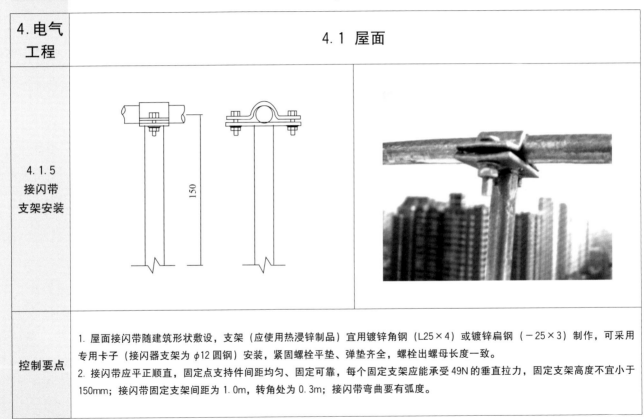
控制要点	1. 屋面接闪带随建筑形状敷设，支架（应使用热浸锌制品）宜用镀锌角钢（L25×4）或镀锌扁钢（－25×3）制作，可采用专用卡子（接闪器支架为φ12圆钢）安装，紧固螺栓平垫、弹垫齐全，螺栓出螺母长度一致。 2. 接闪带应平正顺直，固定点支持件间距均匀、固定可靠，每个固定支架应能承受49N的垂直拉力，固定支架高度不宜小于150mm；接闪带固定支架间距为1.0m，转角处为0.3m；接闪带弯曲要有弧度。

4.电气工程	4.1 屋面
4.1.5 接闪带 支架安装	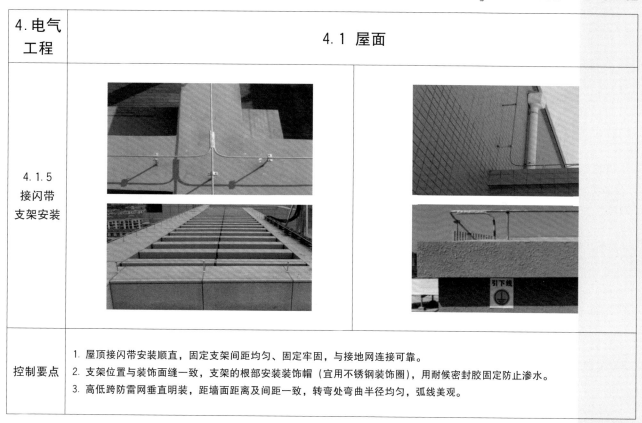
控制要点	1. 屋顶接闪带安装顺直，固定支架间距均匀、固定牢固，与接地网连接可靠。 2. 支架位置与装饰面缝一致，支架的根部安装装饰帽（宜用不锈钢装饰圈），用耐候密封胶固定防止渗水。 3. 高低跨防雷网垂直明装，距墙面距离及间距一致，转弯处弯曲半径均匀，弧线美观。

4. 电气 工程	4.1 屋面
4.1.6 接闪带 安装	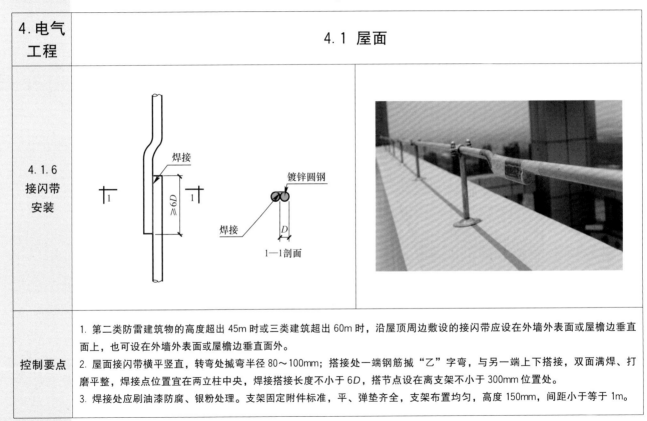
控制要点	1. 第二类防雷建筑物的高度超出 45m 时或三类建筑超出 60m 时，沿屋顶周边敷设的接闪带应设在外墙外表面或屋檐边垂直面上，也可设在外墙外表面或屋檐边垂直面外。 2. 屋面接闪带横平竖直，转弯处搣弯半径 80～100mm；搭接处一端钢筋搣"乙"字弯，与另一端上下搭接，双面满焊、打磨平整，焊接点位置宜在两立柱中央，焊接搭接长度不小于 6D，搭节点设在离支架不小于 300mm 位置处。 3. 焊接处应刷油漆防腐、银粉处理。支架固定附件标准，平、弹垫齐全，支架布置均匀，高度 150mm，间距小于等于 1m。

4.电气工程	**4.1 屋面**	
4.1.7 接闪杆安装	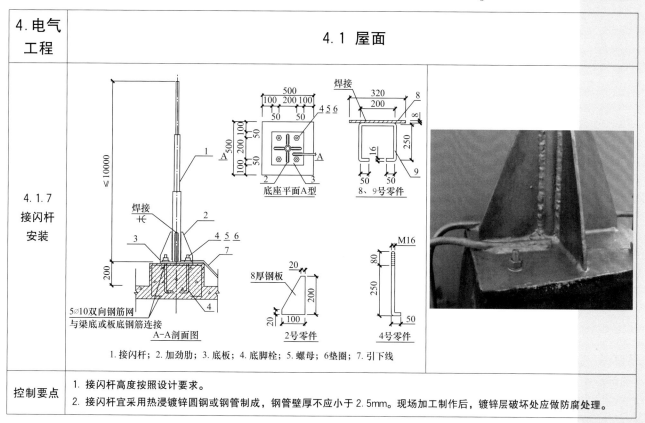 1.接闪杆；2.加劲肋；3.底板；4.底脚栓；5.螺母；6垫圈；7.引下线	
控制要点	1. 接闪杆高度按照设计要求。 2. 接闪杆宜采用热浸镀锌圆钢或钢管制成，钢管壁厚不应小于2.5mm。现场加工制作后，镀锌层破坏处应做防腐处理。	

4.电气 工程	4.1 屋面

4.1.8
坡屋面
接闪器
做法

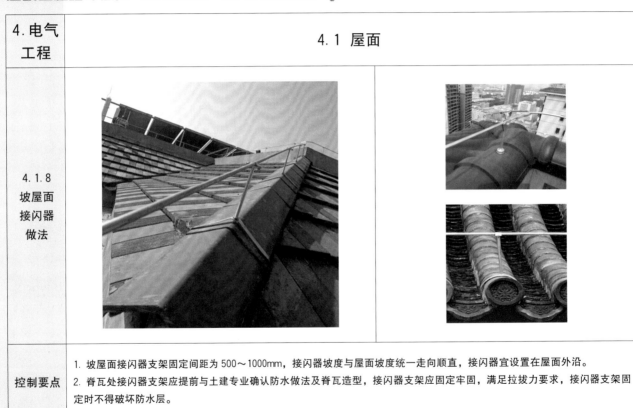

控制要点	1. 坡屋面接闪器支架固定间距为 500～1000mm，接闪器坡度与屋面坡度统一走向顺直，接闪器宜设置在屋面外沿。 2. 脊瓦处接闪器支架应提前与土建专业确认防水做法及脊瓦造型，接闪器支架应固定牢固，满足拉拔力要求，接闪器支架固定时不得破坏防水层。

4.电气工程	4.1 屋面	
4.1.9 不锈钢 栏杆接地 做法	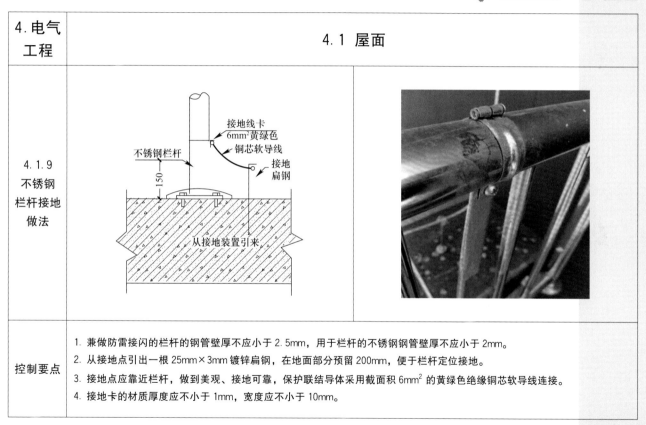	
控制要点	1. 兼做防雷接闪的栏杆的钢管壁厚不应小于 2.5mm，用于栏杆的不锈钢钢管壁厚不应小于 2mm。 2. 从接地点引出一根 25mm×3mm 镀锌扁钢，在地面部分预留 200mm，便于栏杆定位接地。 3. 接地点应靠近栏杆，做到美观、接地可靠，保护联结导体采用截面积 6mm^2 的黄绿色绝缘铜芯软导线连接。 4. 接地卡的材质厚度应不小于 1mm，宽度应不小于 10mm。	

4. 电气 工程	4.1 屋面
4.1.10 屋面金属 爬梯防雷 接地做法	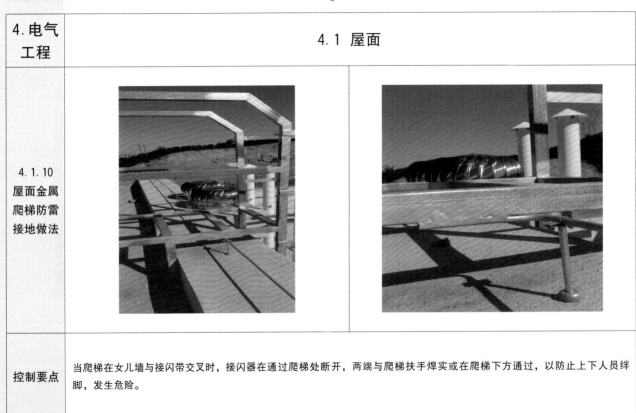
控制要点	当爬梯在女儿墙与接闪带交叉时，接闪器在通过爬梯处断开，两端与爬梯扶手焊实或在爬梯下方通过，以防止上下人员绊脚，发生危险。

4.电气 工程	4.1 屋面
4.1.11 太阳能集 热管、无 动力风帽 防雷接地 做法	
控制要点	太阳能集热管、无动力风帽应与接闪网有可靠的连接，暗引时采用不小于 $\phi12$ 圆钢，焊接连接；明装采用压接时，应压接牢固，平垫、弹垫齐全。

4. 电气 工程	4.1　屋面
4.1.12 铸铁管防 雷接地 做法	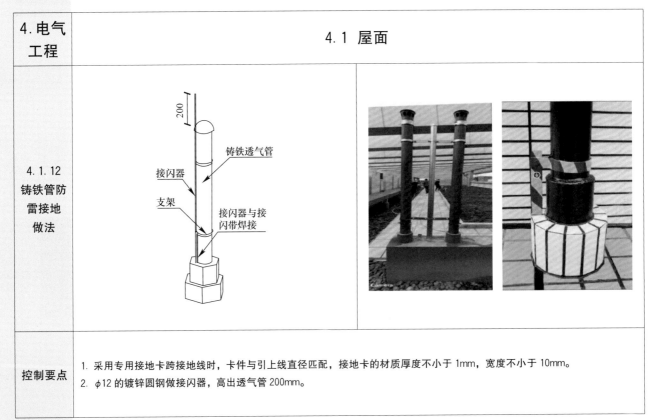
控制要点	1. 采用专用接地卡跨接地线时，卡件与引上线直径匹配，接地卡的材质厚度不小于 1mm，宽度不小于 10mm。 2. φ12 的镀锌圆钢做接闪器，高出透气管 200mm。

4.电气 工程	4.1 屋面
4.1.13 不锈钢通 气管防雷 接地做法	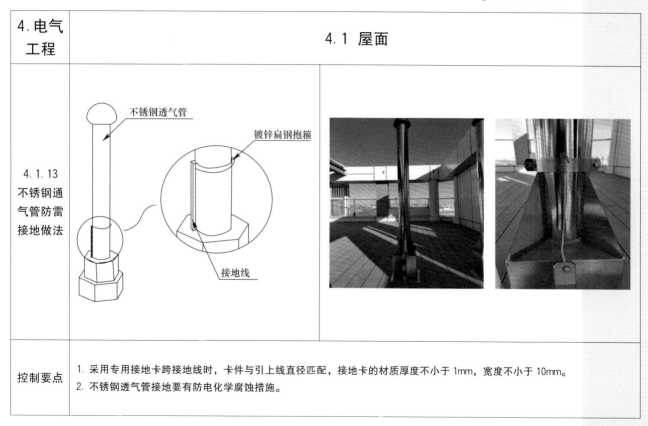
控制要点	1. 采用专用接地卡跨接地线时，卡件与引上线直径匹配，接地卡的材质厚度不小于 1mm，宽度不小于 10mm。 2. 不锈钢透气管接地要有防电化学腐蚀措施。

4.电气工程	4.1 屋面
4.1.14 非金属通气管防雷接地做法	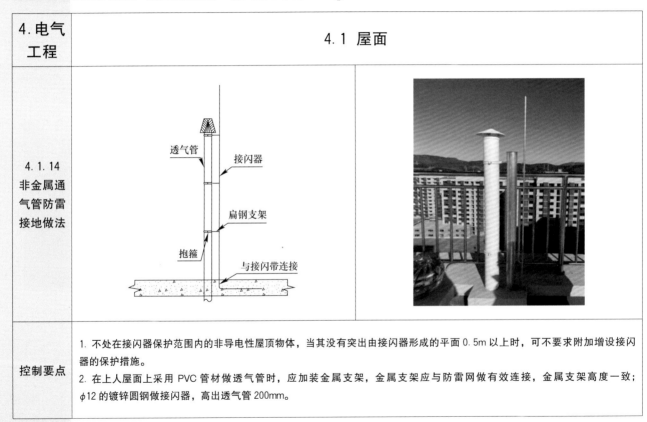
控制要点	1. 不处在接闪器保护范围内的非导电性屋顶物体，当其没有突出由接闪器形成的平面 0.5m 以上时，可不要求附加增设接闪器的保护措施。 2. 在上人屋面上采用 PVC 管材做透气管时，应加装金属支架，金属支架应与防雷网做有效连接，金属支架高度一致；φ12 的镀锌圆钢做接闪器，高出透气管 200mm。

图中标注：透气管、接闪器、扁钢支架、抱箍、与接闪带连接

4.电气工程	4.1 屋面

<table>
<tr><td rowspan="2">4.1.15
景观照明、航空障碍灯安装</td><td>

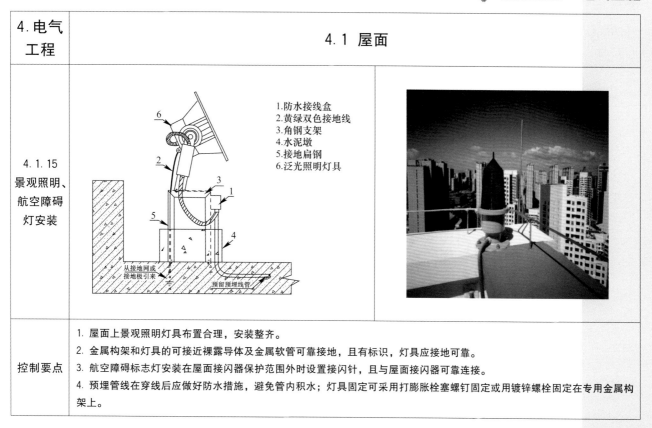

1.防水接线盒
2.黄绿双色接地线
3.角钢支架
4.水泥墩
5.接地扁钢
6.泛光照明灯具

从接地网或接地极引来　　预留预埋线管

</td></tr>
<tr><td>

控制要点

1. 屋面上景观照明灯具布置合理，安装整齐。

2. 金属构架和灯具的可接近裸露导体及金属软管可靠接地，且有标识，灯具应接地可靠。

3. 航空障碍标志灯安装在屋面接闪器保护范围外时设置接闪针，且与屋面接闪器可靠连接。

4. 预埋管线在穿线后应做好防水措施，避免管内积水；灯具固定可采用打膨胀栓塞螺钉固定或用镀锌螺栓固定在专用金属构架上。

</td></tr>
</table>

4. 电气工程	4.1 屋面
4.1.16 冷却塔防雷接地安装	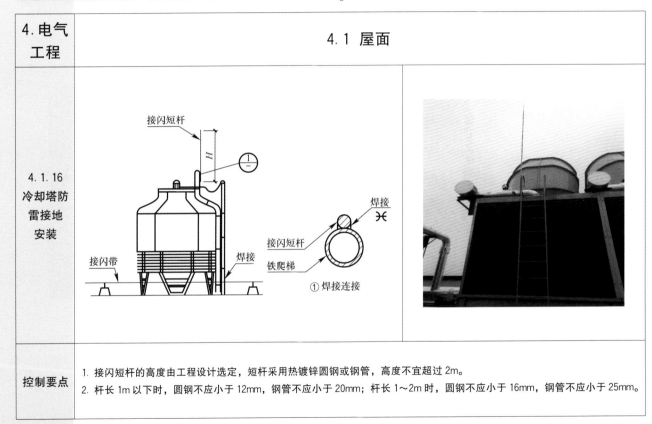

控制要点	1. 接闪短杆的高度由工程设计选定，短杆采用热镀锌圆钢或钢管，高度不宜超过 2m。
	2. 杆长 1m 以下时，圆钢不应小于 12mm，钢管不应小于 20mm；杆长 1～2m 时，圆钢不应小于 16mm，钢管不应小于 25mm。

4.电气工程	4.1 屋面
4.1.17 屋顶风机防雷接地安装	 
控制要点	1. 风机金属基座与保护联结导体连接采用截面积 $6mm^2$ 的黄绿色绝缘铜芯软导线连接。 2. 风管软接处采用截面积为 $6mm^2$ 的黄绿色绝缘铜芯，软导线做跨接地线，跨接地线整齐，连接牢固。

4. 电气工程	4.1　屋面
4.1.18 室外设备 明配导管 敷设	
控制要点	1. 屋面电气设备的电源配管，应采用壁厚大于 2mm 的钢管。 2. 导管支架应安装牢固，无明显扭曲。 3. 室外电气设备进线电管应做防雨接线盒或将电管弯成雨伞柄状防止雨水进入。设备与接地干线连接可靠。

4.电气 工程	4.1 屋面
4.1.19 室外电源 接线	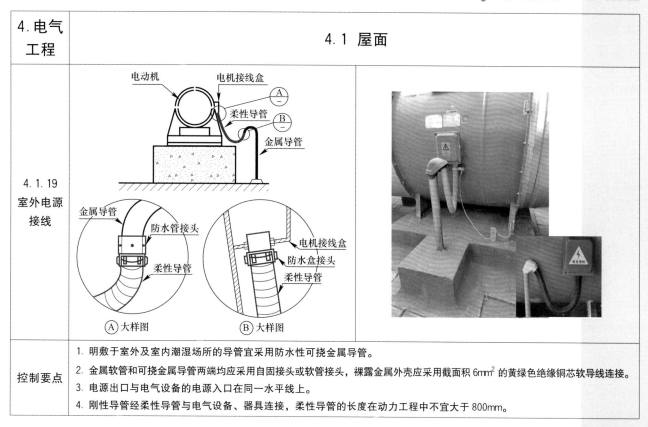

控制要点

1. 明敷于室外及室内潮湿场所的导管宜采用防水性可挠金属导管。

2. 金属软管和可挠金属导管两端均应采用自固接头或软管接头，裸露金属外壳应采用截面积 $6mm^2$ 的黄绿色绝缘铜芯软导线连接。

3. 电源出口与电气设备的电源入口在同一水平线上。

4. 刚性导管经柔性导管与电气设备、器具连接，柔性导管的长度在动力工程中不宜大于 800mm。

4.电气 工程	4.1 屋面
4.1.20 露天屋面 防火阀执 行机构设 置防雨罩 做法	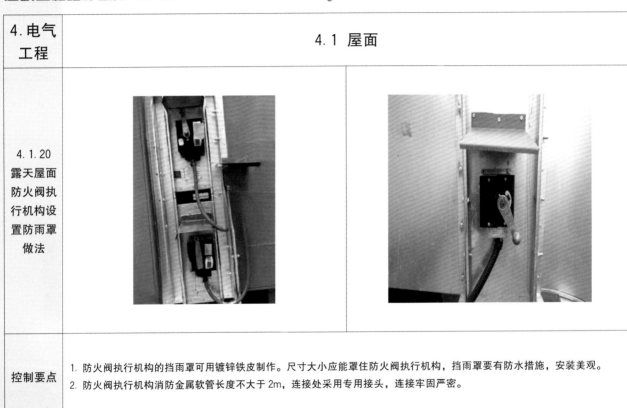
控制要点	1. 防火阀执行机构的挡雨罩可用镀锌铁皮制作。尺寸大小应能罩住防火阀执行机构，挡雨罩要有防水措施，安装美观。 2. 防火阀执行机构消防金属软管长度不大于 2m，连接处采用专用接头，连接牢固严密。

4. 电气 工程	4.2 标准层
4.2.1 吊顶安装 设备综合 排布	
控制要点	1. 吊顶板上安装设备前应有各专业综合深化的点位排布图（应考虑吊顶检修孔的排布）。 2. 末端器具在吊顶板上排布，宜与建筑装饰造型相一致；布置在走廊或吊顶板块的中心，间距均匀，对称布置。 3. 所有设备应紧贴吊顶表面。

4.电气 工程	4.2 标准层
4.2.2 吊顶内 电气导管 敷设	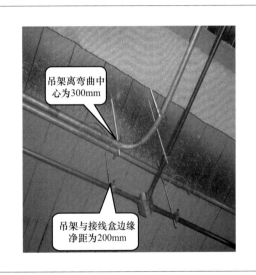 

吊架离弯曲中心为300mm

吊架与接线盒边缘净距为200mm

多个过线盒并列设置做法

控制要点	1. 电气设备与器具的出口及过长线路或导管弯曲较多时应设置接线盒，无吊顶时应采用明装线盒，有吊顶入口处应侧向入口，无吊顶或吊顶为可移动块料的接线盒口朝下，接线盒两侧 300mm 处应增加管卡固定（或专设支架固定）。 2. 用管卡把管固定在支吊架上，成排电管间距应均匀。

4.电气工程	4.2 标准层
4.2.3 大型灯具安装	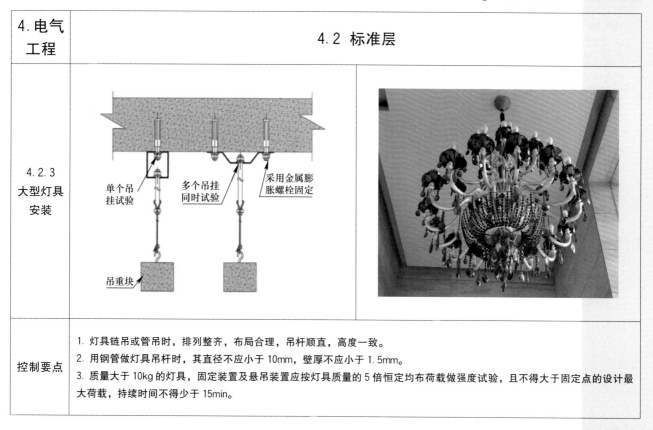

单个吊挂试验　多个吊挂同时试验　采用金属膨胀螺栓固定

吊重块

| 控制要点 | 1. 灯具链吊或管吊时，排列整齐，布局合理，吊杆顺直，高度一致。
2. 用钢管做灯具吊杆时，其直径不应小于 10mm，壁厚不应小于 1.5mm。
3. 质量大于 10kg 的灯具，固定装置及悬吊装置应按灯具质量的 5 倍恒定均布荷载做强度试验，且不得大于固定点的设计最大荷载，持续时间不得少于 15min。 |

4.电气工程	4.2 标准层

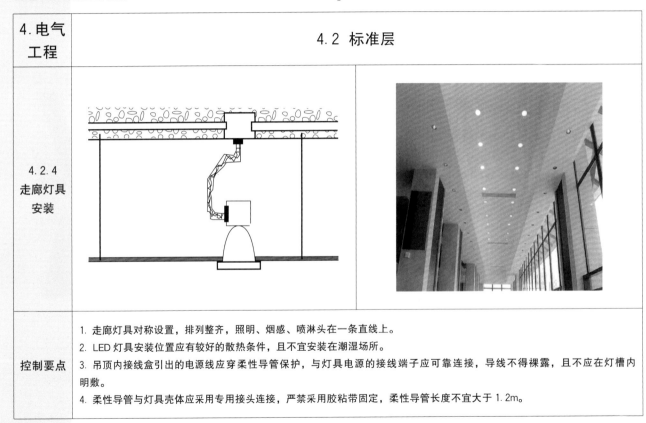

4.2.4 走廊灯具安装

控制要点

1. 走廊灯具对称设置，排列整齐，照明、烟感、喷淋头在一条直线上。

2. LED灯具安装位置应有较好的散热条件，且不宜安装在潮湿场所。

3. 吊顶内接线盒引出的电源线应穿柔性导管保护，与灯具电源的接线端子应可靠连接，导线不得裸露，且不应在灯槽内明敷。

4. 柔性导管与灯具壳体应采用专用接头连接，严禁采用胶粘带固定，柔性导管长度不宜大于1.2m。

4.电气 工程	4.2　标准层
4.2.5 会议室、 卫生间 浴室灯具 安装	
控制要点	1. 会议室灯具安装应整体排布合理协调，要考虑监控、喷淋、舞台灯光和音响的综合布置，遵循居中、对称、成线、协调的原则。 2. 卫生间、浴室的灯具应采用防水型产品，安装应符合设计要求。 3. 浴室的灯具不宜安装在便器或浴缸的正上方及淋浴间内。

4. 电气工程	4.2　标准层
4.2.6 火灾探测器安装	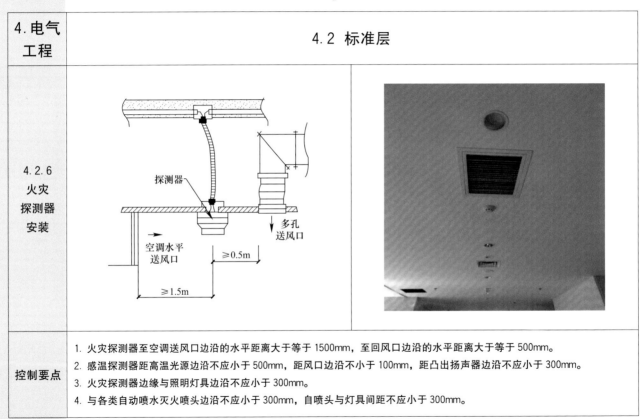
控制要点	1. 火灾探测器至空调送风口边沿的水平距离大于等于1500mm，至回风口边沿的水平距离大于等于500mm。 2. 感温探测器距高温光源边沿不应小于500mm，距风口边沿不小于100mm，距凸出扬声器边沿不应小于300mm。 3. 火灾探测器边缘与照明灯具边沿不应小于300mm。 4. 与各类自动喷水灭火喷头边沿不应小于300mm，自喷头与灯具间距不应小于300mm。

4.电气工程	4.2 标准层
4.2.7 线槽灯安装	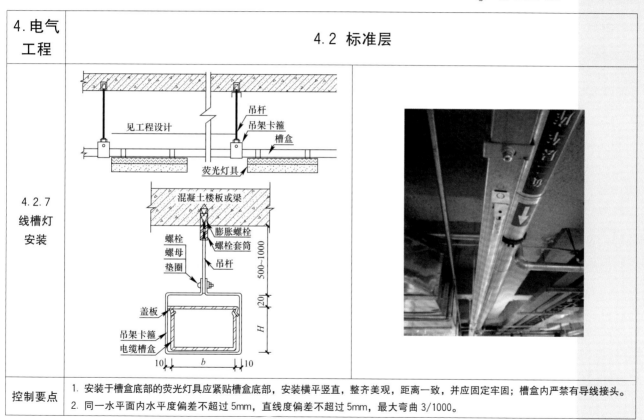
控制要点	1. 安装于槽盒底部的荧光灯具应紧贴槽盒底部，安装横平竖直，整齐美观，距离一致，并应固定牢固；槽盒内严禁有导线接头。 2. 同一水平面内水平度偏差不超过5mm，直线度偏差不超过5mm，最大弯曲3/1000。

4.电气工程	4.2 标准层
4.2.8 疏散 指示灯 安装	 
控制要点	1. 应急照明灯具、安全出口标志灯安装在疏散出口或楼梯口走廊侧的上方，安装高度距离地面高度不低于2m。 2. 疏散标志灯安装在安全出口的顶部，楼梯间、疏散走道及其转角处应安装在1m以下的墙面上，不易安装的部位可安装在上部；疏散通道上的标志灯间距不大于20m（人防工程不大于10m）。 3. 应急照明灯安装在同一平面，间距均匀，底边标高一致。

4.电气 工程	4.2 标准层
4.2.9 开关、 插座 安装	
控制要点	1. 同一房间的开关、插座底部距地面高度差不宜大于5mm，成排靠近安装时，最大偏差值应不大于1mm，间距宜一致；线盒埋深大于20mm时，应用套盒接出。 2. 安装面板前，接线盒内必须清理干净；开关、插座面板应安装垂直、牢固，紧贴饰面、周边无缝隙；面板表面光滑、清洁、无碎裂、无划伤，部件完整，装饰帽齐全。 3. 开关边缘距门框边缘的距离宜为150~200m，紧贴墙面；同一建筑物单控开关通断位置一致。

4.电气 工程	4.2 标准层
4.2.9 开关、 插座 安装	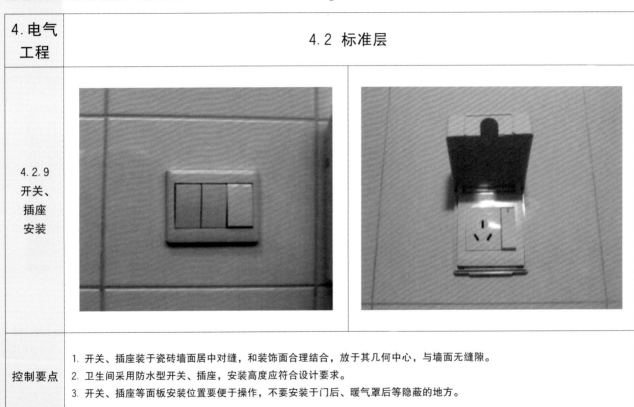
控制要点	1. 开关、插座装于瓷砖墙面居中对缝，和装饰面合理结合，放于其几何中心，与墙面无缝隙。 2. 卫生间采用防水型开关、插座，安装高度应符合设计要求。 3. 开关、插座等面板安装位置要便于操作，不要安装于门后、暖气罩后等隐蔽的地方。

4.电气 工程	4.2　标准层

<table>
<tr>
<td rowspan="2">4.2.10
开关、插座
在装饰材料
（木装饰或
软包）上
安装</td>
<td>

</td>
</tr>
</table>

控制要点	1. 开关、插座等电气器具安装在可燃装饰材料上时，应采取防火措施；安装在 B1 级以下（含 B1 级）装修材料内的开关、插座等电气器具，必须采用防火封堵密封件或具有良好隔热性能的 A 级材料隔绝。 2. 采用 3mm 厚石棉布铺平垫实，开关、插座盒内电线预留长度为 150mm。 3. 单相两孔插座，面对插座的右孔（或上孔）与相线（L）连接，左孔（或下孔）与中性线（N）连接；单相三孔插座，面对插座板，右孔与相线（L）连接，左孔与中性线（N）连接，上孔与保护接地线（PE）连接。

4. 电气 工程	4.2 标准层

4.2.11 导线 连接器	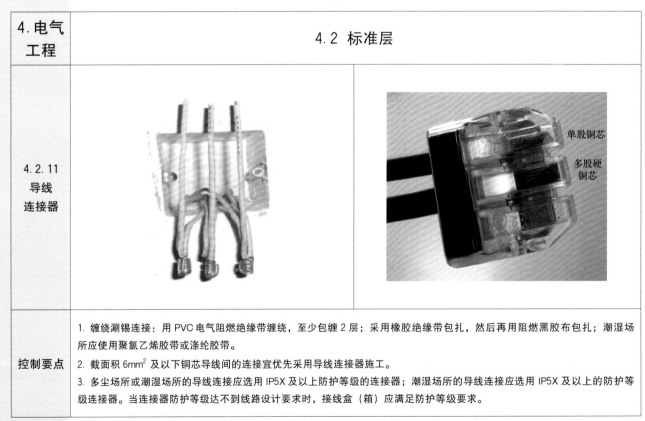

控制要点

1. 缠绕涮锡连接：用 PVC 电气阻燃绝缘带缠绕，至少包缠 2 层；采用橡胶绝缘带包扎，然后再用阻燃黑胶布包扎；潮湿场所应使用聚氯乙烯胶带或涤纶胶带。

2. 截面积 6mm² 及以下铜芯导线间的连接宜优先采用导线连接器施工。

3. 多尘场所或潮湿场所的导线连接应选用 IP5X 及以上防护等级的连接器；潮湿场所的导线连接应选用 IP5X 及以上的防护等级连接器。当连接器防护等级达不到线路设计要求时，接线盒（箱）应满足防护等级要求。

4.电气 工程	4.2 标准层
4.2.12 浴室局部 等电位 联结	 ▽ —— 等电位联结符号 ⊥ —— 接地符号
控制要点	1. 卫生间按照设计图纸要求设置局部等电位，浴室等电位联结端子箱的设置位置应方便检测。 2. 地面内钢筋网应做等电位联结，墙内如有钢筋网也宜与等电位联结线连通。 3. 浴室内的外露可导电部分和可接近的外界可导电部分做局部等电位联结，局部等电位联结应包括卫生间内金属给排水管、金属浴盆、金属供暖管以及建筑物钢筋网，可不包括地漏、扶手、浴巾架、肥皂盒等孤立之物。 4. 浴室内的等电位联结不得与浴室外的 PE 线相连。 5. 等电位联结线与卫生设备及水管的连接，出线面板采用标准 86 盒，由 86 盒引出线为明敷。 6. 等电位箱正面应标有"等电位联结端子箱不可触动"的字样及等电位图形标识。等电位标识颜色宜为黄底黑色。

4.电气 工程	4.2　标准层
4.2.13 手动报警 按钮安装	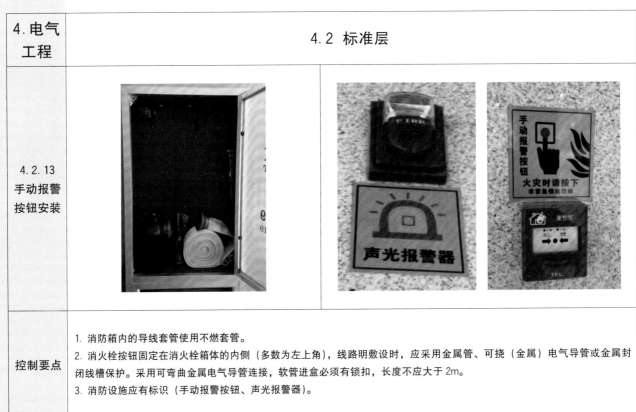
控制要点	1. 消防箱内的导线套管使用不燃套管。 2. 消火栓按钮固定在消火栓箱体的内侧（多数为左上角），线路明敷设时，应采用金属管、可挠（金属）电气导管或金属封闭线槽保护。采用可弯曲金属电气导管连接，软管进盒必须有锁扣，长度不应大于 2m。 3. 消防设施应有标识（手动报警按钮、声光报警器）。

4.电气 工程	4.2 标准层
4.2.14 室内 摄像机 安装	 摄像机无吊顶基于86盒　　　无吊顶吊装支架安装 摄像机吊顶上安装　　　摄像机壁安装
控制要点	1. 室内摄像机安装距地高度不宜低于2.5m。 2. 摄像机的安装位置应综合外界环境，考虑整体的综合排布，保证其视场不被遮挡，图像画质不受影响。

4.电气 工程	4.3 电气竖井
4.3.1 整体要求	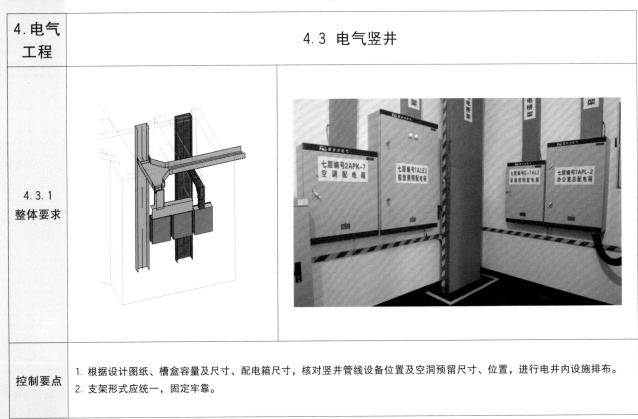

控制要点	1. 根据设计图纸、槽盒容量及尺寸、配电箱尺寸，核对竖井管线设备位置及空洞预留尺寸、位置，进行电井内设施排布。 2. 支架形式应统一，固定牢靠。

4. 电气工程	4.3　电气竖井	
4.3.2 配电柜安装		
控制要点	1. 配电箱（柜）安装垂直度允许偏差不应大于 1.5‰，相互间接缝小于等于 2mm，成排盘面偏差小于等于 5mm。 2. 进入配电柜内的导管管口，当箱底无封板时，管口应高出柜、台、箱的基础 50～80mm。管口光滑，护口齐全，管口在穿完线后封堵严密。	

4.电气 工程	4.3 电气竖井	
4.3.3 槽盒与 配电箱 (柜) 连接	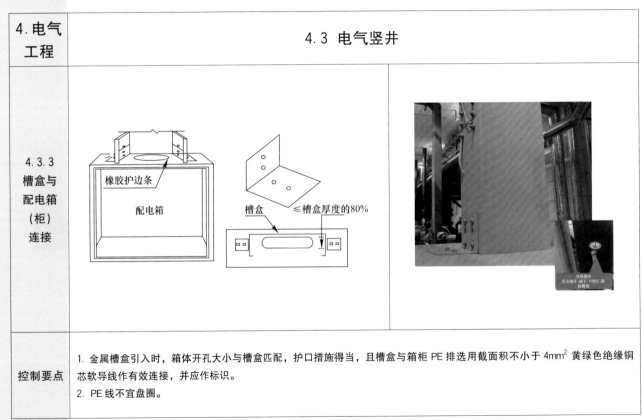	
控制要点	1. 金属槽盒引入时，箱体开孔大小与槽盒匹配，护口措施得当，且槽盒与箱柜 PE 排选用截面积不小于 $4mm^2$ 黄绿色绝缘铜芯软导线作有效连接，并应作标识。 2. PE 线不宜盘圈。	

橡胶护边条

配电箱

槽盒　≤槽盒厚度的80%

4.电气 工程	4.3 电气竖井
4.3.4 配电柜 接地	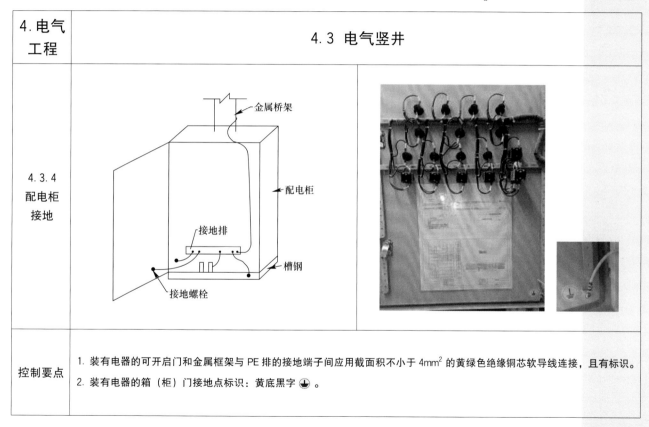
控制要点	1. 装有电器的可开启门和金属框架与 PE 排的接地端子间应用截面积不小于 $4mm^2$ 的黄绿色绝缘铜芯软导线连接，且有标识。 2. 装有电器的箱（柜）门接地点标识：黄底黑字 ⏚ 。

4.电气 工程	4.3 电气竖井
4.3.5 专用N、 PE排 设置及 接线	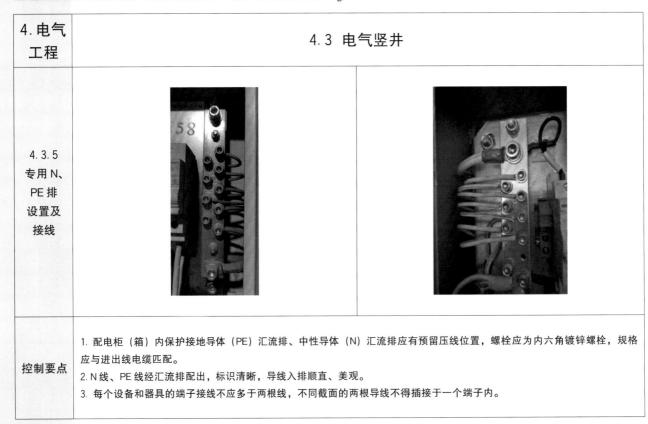
控制要点	1. 配电柜（箱）内保护接地导体（PE）汇流排、中性导体（N）汇流排应有预留压线位置，螺栓应为内六角镀锌螺栓，规格应与进出线电缆匹配。 2. N线、PE线经汇流排配出，标识清晰，导线入排顺直、美观。 3. 每个设备和器具的端子接线不应多于两根线，不同截面的两根导线不得插接于一个端子内。

4.电气 工程	4.3　电气竖井
4.3.6 配电箱 明装	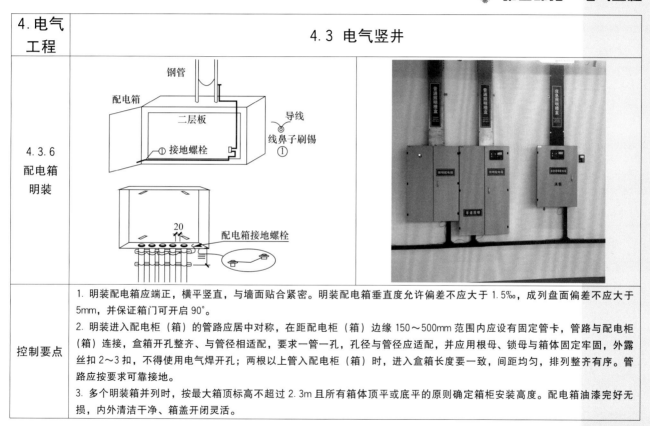

控制要点	1. 明装配电箱应端正、横平竖直，与墙面贴合紧密。明装配电箱垂直度允许偏差不应大于 1.5‰，成列盘面偏差不应大于 5mm，并保证箱门可开启 90°。 2. 明装进入配电柜（箱）的管路应居中对称，在距配电柜（箱）边缘 150～500mm 范围内应设有固定管卡，管路与配电柜（箱）连接，盒箱开孔整齐、与管径相适配，要求一管一孔，孔径与管径应适配，并应用根母、锁母与箱体固定牢固，外露丝扣 2～3 扣，不得使用电气焊开孔；两根以上管入配电柜（箱）时，进入盒箱长度要一致，间距均匀，排列整齐有序。管路应按要求可靠接地。 3. 多个明装箱并列时，按最大箱顶标高不超过 2.3m 且所有箱体顶平或底平的原则确定箱柜安装高度。配电箱油漆完好无损，内外清洁干净、箱盖开闭灵活。

4.电气 工程	4.3　电气竖井	
4.3.7 配电箱 暗装	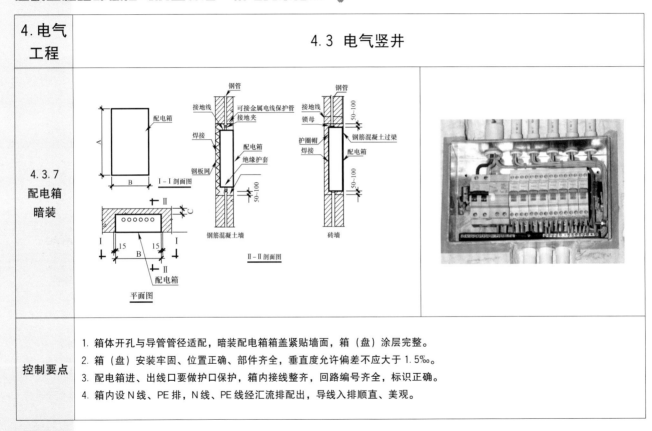	

控制要点

1. 箱体开孔与导管管径适配，暗装配电箱箱盖紧贴墙面，箱（盘）涂层完整。
2. 箱（盘）安装牢固、位置正确、部件齐全，垂直度允许偏差不应大于 1.5‰。
3. 配电箱进、出线口要做护口保护，箱内接线整齐，回路编号齐全，标识正确。
4. 箱内设 N 线、PE 排，N 线、PE 线经汇流排配出，导线入排顺直、美观。

4.电气 工程	4.3 电气竖井	
4.3.8 配电箱 内接线		
控制要点	1. 裸母线距金属门较近，箱（柜）内裸母线相线加阻燃绝缘挡板防护，挡板上贴闪电标识或"当心触电"字样的警示牌。 2. 配电箱（柜）内横担上安装的器具，安装平正、牢固，引出线弯曲半径、长度一致。 3. 配电箱（柜）内导线走向合理，导线排列顺直、整齐，分回路绑扎固定牢固。 4. 导线相色自进箱开始，中间不应改变颜色，回路接线规范，接线正确，标识齐全。	

4. 电气 工程	4.3　电气竖井
4.3.8 配电箱 内接线	
控制要点	1. 截面积在 2.5mm² 及以下的多芯铜芯线应接续端子或拧紧搪锡后再与设备或器具的端子连接。截面积大于 2.5mm² 的多芯铜芯线，除设备自带插接式端子外，应接续端子后与设备或器具的端子连接；多芯铜芯线与插接式端子连接前，端部应拧紧搪锡。 2. 导线绝缘层剥、削长度适宜，与电气器件连接后无裸露带电导体。

4.电气 工程	4.3 电气竖井
4.3.9 盘柜内 电缆头 制作 安装	 
控制要点	1. 地下室、潮湿场所、高低压配电室应采用热缩式电缆头。 2. 应采用符合标准的连接管和接线端子，其内径应与电缆线芯紧密配合，间隙不应过大；截面宜为线芯截面的1.2～1.5倍；采用压接时，压接钳和模具应符合规格要求。 3. 电缆线绑扎固定在箱内支架上，不应使电器元器件或设备端子承受额外应力。

4.电气 工程	4.3　电气竖井
4.3.10 电器元件 隔弧板 设置	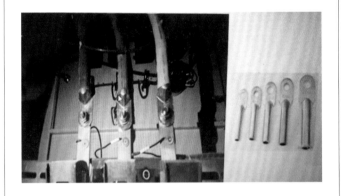
控制要点	1. 柜内裸母线相线加阻燃绝缘盖板，防护线间设置橡胶隔板。 2. 接线端子规格与电气器具规格不配套时，不应采取降容的转接措施。 3. 根据接线端子型号，选用合适的螺栓，将接线端子压接在设备上，应使螺栓自上而下或从内向外穿，平垫或弹簧垫应安装齐全，保证足够的接触面积。

4.电气 工程	4.3 电气竖井
4.3.11 槽盒安装 做法	
控制要点	1. 非镀锌梯架、托盘和槽盒本体之间连接板的两端应跨接保护联结导体，保护联结导体的截面积符合设计要求。 2. 镀锌梯架、托盘和槽盒本体之间不跨接保护联结导体，连接板每端不少于 2 个有防松螺帽或防松垫圈的连接固定螺栓。 3. 槽盒对口平齐，不应有错茬现象，螺母位于梯架、托盘和槽盒的外侧。 4. 槽盒应采用配套连接板、螺栓及其他附件，保证接地良好。

4.电气 工程	4.3　电气竖井
4.3.11 槽盒安装 做法	 
控制要点	1. 槽盒在穿越楼板时，穿越洞口四周应设置阻水台，高度不宜低于 50mm；电气竖井或电气设备间土建已有挡水措施的，穿越洞口可不设阻水台。 2. 槽盒连接板不能设在墙体、楼板内；槽盒盖板每层应单独断开，盖板连接处距楼板 300～500mm，开启方便（同管井槽盒连接板断处应同一标高）。

4.电气 工程	4.3 电气竖井
4.3.12 槽盒与 管线连接 及跨接 地线	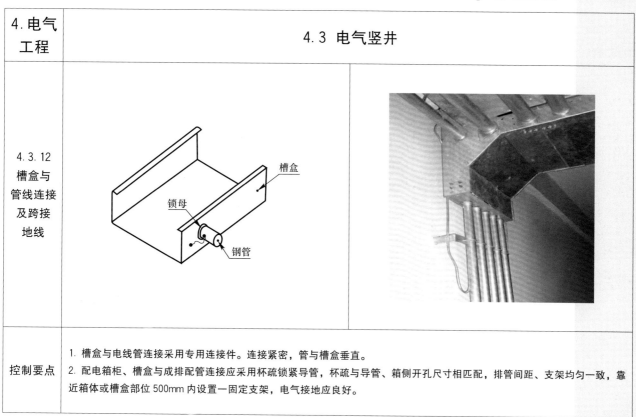
控制要点	1. 槽盒与电线管连接采用专用连接件。连接紧密，管与槽盒垂直。 2. 配电箱柜、槽盒与成排配管连接应采用杯疏锁紧导管，杯疏与导管、箱侧开孔尺寸相匹配，排管间距、支架均匀一致，靠近箱体或槽盒部位 500mm 内设置一固定支架，电气接地应良好。

4.电气 工程	4.3 电气竖井
4.3.13 母线槽 安装做法	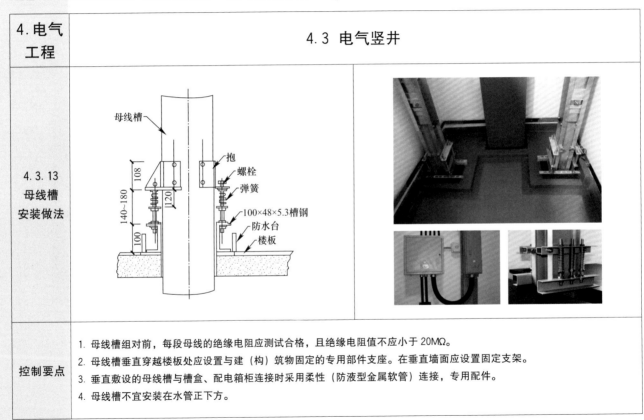

控制要点

1. 母线槽组对前，每段母线的绝缘电阻应测试合格，且绝缘电阻值不应小于20MΩ。

2. 母线槽垂直穿越楼板处应设置与建（构）筑物固定的专用部件支座。在垂直墙面应设置固定支架。

3. 垂直敷设的母线槽与槽盒、配电箱柜连接时采用柔性（防液型金属软管）连接，专用配件。

4. 母线槽不宜安装在水管正下方。

4.电气 工程	4.3 电气竖井
4.3.13 母线槽 安装做法	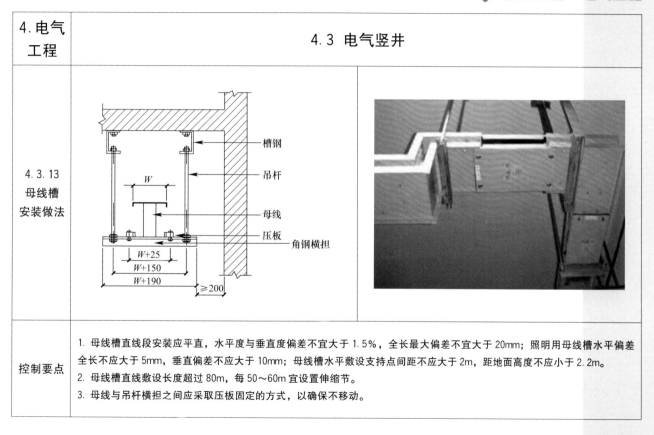

控制要点

1. 母线槽直线段安装应平直，水平度与垂直度偏差不宜大于 1.5%，全长最大偏差不宜大于 20mm；照明用母线槽水平偏差全长不应大于 5mm，垂直偏差不应大于 10mm；母线槽水平敷设支持点间距不应大于 2m，距地面高度不应小于 2.2m。

2. 母线槽直线敷设长度超过 80m，每 50～60m 宜设置伸缩节。

3. 母线与吊杆横担之间应采取压板固定的方式，以确保不移动。

4.电气 工程	4.3 电气竖井
4.3.14 电缆安装 做法	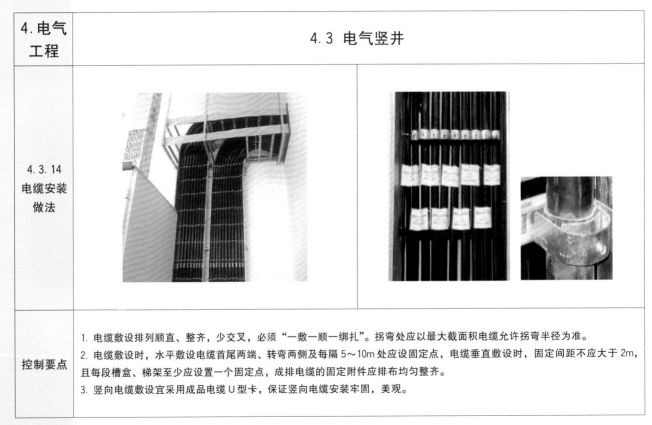

控制要点

1. 电缆敷设排列顺直、整齐，少交叉，必须"一敷一顺一绑扎"。拐弯处应以最大截面积电缆允许拐弯半径为准。
2. 电缆敷设时，水平敷设电缆首尾两端、转弯两侧及每隔5~10m处应设固定点，电缆垂直敷设时，固定间距不应大于2m，且每段槽盒、梯架至少应设置一个固定点，成排电缆的固定附件应排布均匀整齐。
3. 竖向电缆敷设宜采用成品电缆U型卡，保证竖向电缆安装牢固、美观。

4.电气 工程	4.3 电气竖井
4.3.15 矿物质 电缆敷设	
控制要点	矿物绝缘电缆沿支架敷设时必须可靠固定，固定间距见表

矿物绝缘电缆沿支架敷设时必须可靠固定，固定间距见表

电缆外径/mm	固定点之间最大间距	
	水平敷设/mm	垂直敷设/mm
＜9	600	800
9～15	900	1200
15～20	1500	2000
≥20	2000	2500

4.电气工程	4.3　电气竖井

| 4.3.15
矿物质
电缆敷设 | 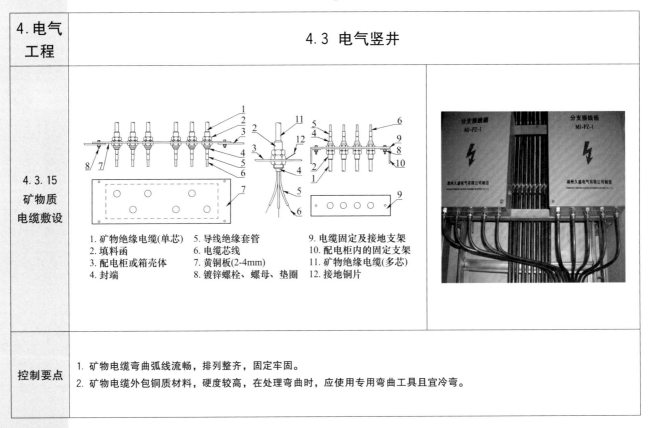
1. 矿物绝缘电缆(单芯)　5. 导线绝缘套管　9. 电缆固定及接地支架
2. 填料函　　　　　　6. 电缆芯线　　　10. 配柜内的固定支架
3. 配电柜或箱壳体　　7. 黄铜板(2-4mm)　11. 矿物绝缘电缆(多芯)
4. 封端　　　　　　　8. 镀锌螺栓、螺母、垫圈　12. 接地铜片 |

| 控制要点 | 1. 矿物电缆弯曲弧线流畅，排列整齐，固定牢固。
2. 矿物电缆外包铜质材料，硬度较高，在处理弯曲时，应使用专用弯曲工具且宜冷弯。 |

4.电气 工程	4.3 电气竖井	
4.3.15 矿物质 电缆敷设	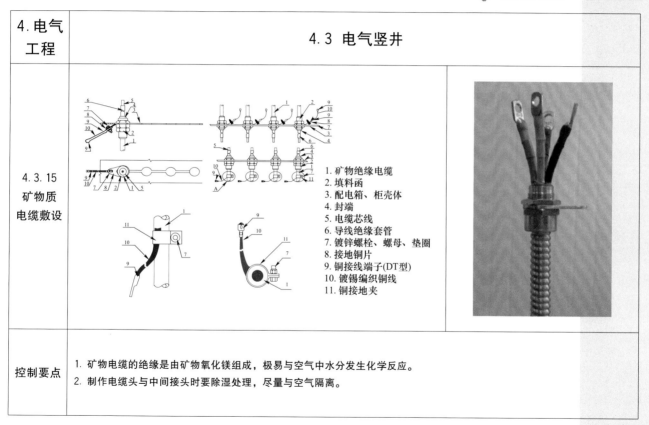 1. 矿物绝缘电缆 2. 填料函 3. 配电箱、柜壳体 4. 封端 5. 电缆芯线 6. 导线绝缘套管 7. 镀锌螺栓、螺母、垫圈 8. 接地铜片 9. 铜接线端子(DT型) 10. 镀锡编织铜线 11. 铜接地夹	
控制要点	1. 矿物电缆的绝缘是由矿物氧化镁组成，极易与空气中水分发生化学反应。 2. 制作电缆头与中间接头时要除湿处理，尽量与空气隔离。	

4.电气 工程	4.3　电气竖井
4.3.16 电缆T接 做法	
控制要点	1. 将干、支线压入端子中，确保符合干线在下、支线在上的压接原则；T接卡应高低错落有致，间距一致。 2. T接端子压接的电缆线芯装置就位后用专用六角扳手紧固，端子外不得有电缆铜芯外露，用专用密封胶将T接端子压线部位的缝隙密封。 3. 槽盒内有T接端子的，应在槽盒外用字母"T"标识，且标识处槽盒盖应可拆卸备查。

4.电气 工程	4.3 电气竖井
4.3.17 强电井 接地做法	
控制要点	电气竖井内敷设接地干线和接地端子，槽盒与接地干线连接可靠，接地干线应有标识。

4. 电气 工程	4.4 地下室
4.4.1 整体要求	
控制要点	1. 管线排布遵循先大后小、先无压后有压、水电分设、电上水下、风上水下、保温上非保温下等原则，分层布置。 2. 管线排布应考虑保温厚度、阀件、管道坡度、支管及安装、操作、检修空间。 3. 支架形式统一，宜采用共用支架，使管道走向有序、层次清楚分明、节省空间；共用支架应进行强度和刚度计算。 4. 管线面层颜色合理搭配，标识清晰。

4.电气工程	4.4 地下室
4.4.2 槽盒接地敷设	
控制要点	1. 接地线沿电缆槽盒侧板敷设，直线段每隔 1m 固定一次，转弯处应增加固定点。转角设置合理，与同段槽盒相协调。 2. 每段（包括非直线段）槽盒应至少有一点与接地线可靠连接。 3. 梯架、托盘和槽盒全长不大于 30m 时，应不少于 2 处与保护导体可靠连接；全长大于 30m 时，每隔 20～30m 应增加与接地干线连接点，起始端和终点端均应可靠接地。

4.电气 工程	4.4　地下室	
4.4.3 金属管道 进出建筑 物等电位 联结	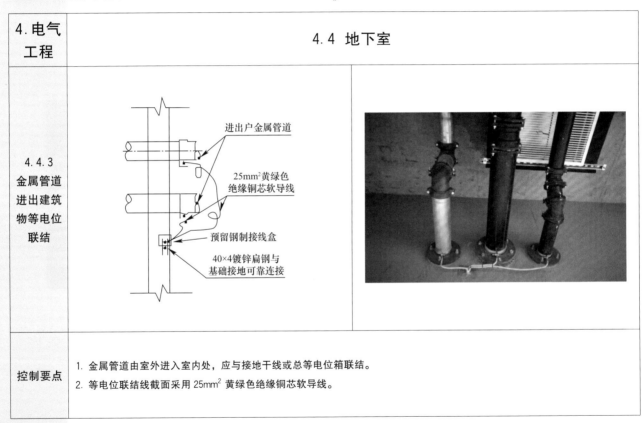	
控制要点	1. 金属管道由室外进入室内处，应与接地干线或总等电位箱联结。 2. 等电位联结线截面采用 25mm² 黄绿色绝缘铜芯软导线。	

进出户金属管道

25mm²黄绿色
绝缘铜芯软导线

预留钢制接线盒

40×4镀锌扁钢与
基础接地可靠连接

4.电气工程	4.5 重点机房——变配电室
4.5.1 配电室布置	
控制要点	1. 变配电室内照明灯具应使用吸顶或吊杆式，不得采用吊链和软线吊装。 2. 灯具不应安装在高低压配电设备的正上方，灯具与裸母线的水平距离不得小于 1m，管形灯具应与配电柜平行安装。 3. 电气设备间内不应有其他无关的管道和设施。电气设备的正上方不应设置水管道。 4. 控制室和配电室内的供暖装置宜采用钢管焊接，且不应有法兰、螺纹接头和阀门等。

4. 电气 工程	4.5　重点机房——变配电室
4.5.2 变压器 接地	
控制要点	变压器箱体、干式变压器的支架、基础型钢及外壳应分别单独与保护导体可靠连接，紧固件及防松零件齐全。

4. 电气 工程	4.5 重点机房——变配电室
4.5.3 配电室 接地干线 安装	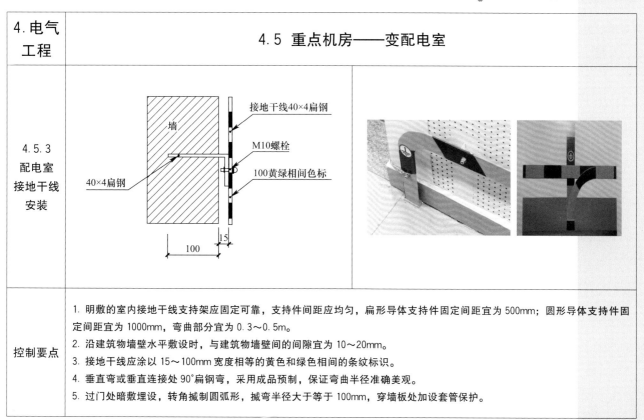

控制要点	1. 明敷的室内接地干线支持架应固定可靠，支持件间距应均匀，扁形导体支持件固定间距宜为500mm；圆形导体支持件固定间距宜为1000mm，弯曲部分宜为0.3～0.5m。 2. 沿建筑物墙壁水平敷设时，与建筑物墙壁间的间隙宜为10～20mm。 3. 接地干线应涂以15～100mm宽度相等的黄色和绿色相间的条纹标识。 4. 垂直弯或垂直连接处90°扁钢弯，采用成品预制，保证弯曲半径准确美观。 5. 过门处暗敷埋设，转角撖制圆弧形，撖弯半径大于等于100mm，穿墙板处加设套管保护。

4. 电气 工程	4.5　重点机房——变配电室
4.5.4 **配电室** **挡鼠板、** **金属门框** **接地**	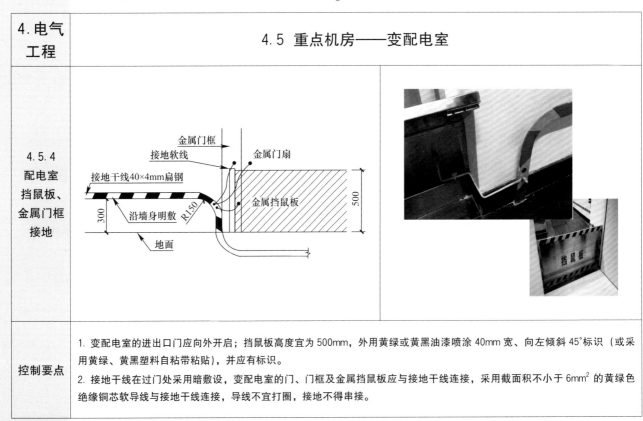
控制要点	1. 变配电室的进出口门应向外开启；挡鼠板高度宜为 500mm，外用黄绿或黄黑油漆喷涂 40mm 宽、向左倾斜 45°标识（或采用黄绿、黄黑塑料自粘带粘贴），并应有标识。 2. 接地干线在过门处采用暗敷设，变配电室的门、门框及金属挡鼠板应与接地干线连接，采用截面积不小于 6mm² 的黄绿色绝缘铜芯软导线与接地干线连接，导线不宜打圈，接地不得串接。

4.电气 工程	4.5　重点机房——变配电室
4.5.5 临时 接地点 做法	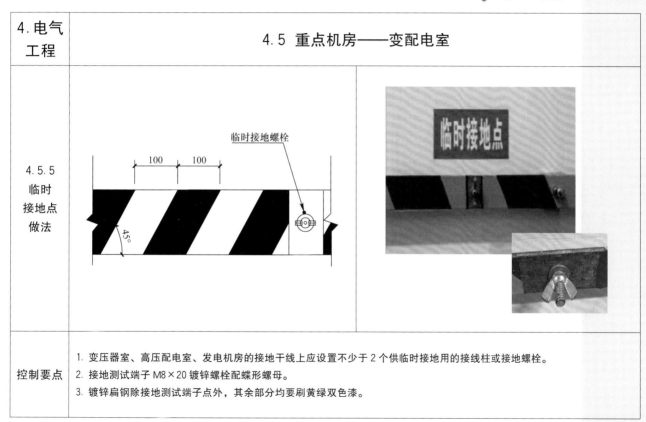
控制要点	1. 变压器室、高压配电室、发电机房的接地干线上应设置不少于 2 个供临时接地用的接线柱或接地螺栓。 2. 接地测试端子 M8×20 镀锌螺栓配蝶形螺母。 3. 镀锌扁钢除接地测试端子点外，其余部分均要刷黄绿双色漆。

4.电气 工程	4.5 重点机房——变配电室
4.5.6 总等 电位箱 做法	 
控制要点	1. 建筑物等电位联结干线应从与接地装置有不少于2处直接连接的接地干线或总等电位箱引出，等电位联结干线或局部等电位箱间的连接线形成环形网路，环形网路应就近与等电位联结干线或局部等电位箱连接。支线间不应串联连接。 2. 总等电位进出线标识清晰，扁钢上需有进线和出线标识（白底、红箭头）。 3. 端子箱安装平整，端子排平直，预留螺栓间距一致；系统图完善。

4.电气工程	4.5　重点机房——变配电室
4.5.7 槽盒联合 支架、 放大角、 漏斗 设置	 
控制要点	1. 电缆梯架、托盘和槽盒转弯、分支处宜采用专用连接配件。 2. 采用成品槽盒漏斗，漏斗放大角（135°为宜）一致，柜体四周敷设绝缘橡胶板（厚度：高压 10mm，低压 8mm）。 3. 槽盒始末端必须与接地干线相连。

4. 电气 工程	4.5 重点机房——变配电室
4.5.8 电缆沟 支架安装、 电缆敷设	 
控制要点	1. 变配电室电缆沟内支架防腐完整，安装牢固，间距均匀，接地可靠。 2. 电缆沟支架采用预埋固定或胀管固定，支架设置的层数、固定方式、强度、尺寸、接地干线敷设等应符合电缆敷设要求。 3. 电缆排列整齐、固定牢固、标识清晰。

4.电气 工程	4.6　重点机房——柴油发电机房
4.6.1 设备安装	
控制要点	1. 机组本体、电气控制箱（柜）体、电缆槽盒、金属导管和机械部分的可接近裸露导体接地可靠且有标识。 2. 发电机的中性点接地连接方式及接地电阻值应符合设计要求，接地螺栓防松零件齐全，且有标识。

4.电气 工程	4.6 重点机房——柴油发电机房	
4.6.2 储油间 做法		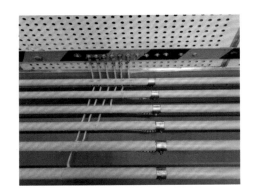
控制要点	1. 储油间壁装防爆型灯具。 2. 储油间放置不小于 50mm 厚的消防砂。 3. 储油间应设置向外开启的防火门。 4. 基础接地牢固，标识齐全。 5. 金属油箱、油管有可靠的防静电接地措施，明敷油管色标正确。		

4.电气工程	4.6　重点机房——柴油发电机房
4.6.3 防爆灯具与电气线路安装	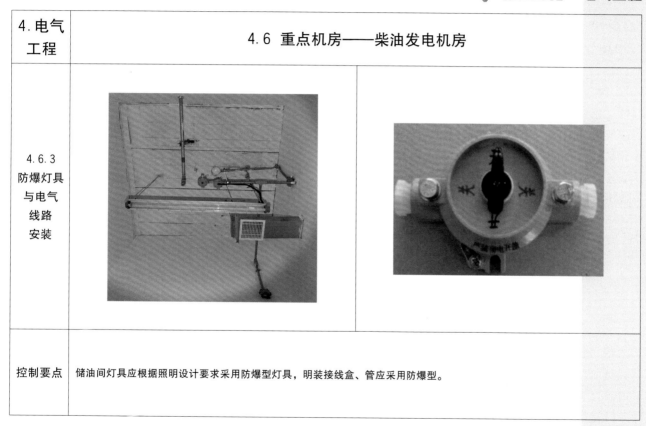
控制要点	储油间灯具应根据照明设计要求采用防爆型灯具，明装接线盒、管应采用防爆型。

4.电气 工程	4.7　重点机房——给水（中水）泵房	
4.7.1 水箱槽钢 基础接地	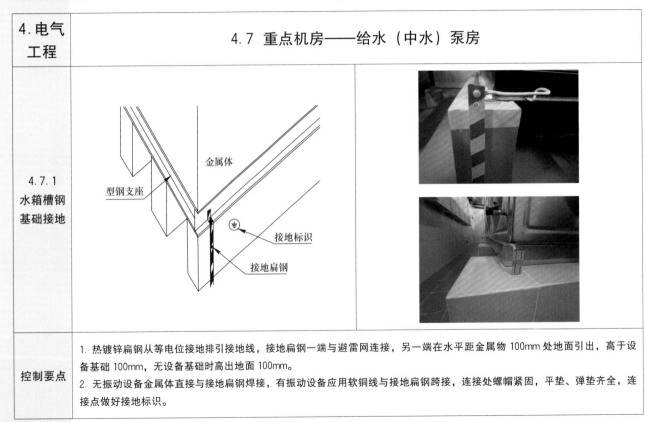	
控制要点	1. 热镀锌扁钢从等电位接地排引接地线，接地扁钢一端与避雷网连接，另一端在水平距金属物 100mm 处地面引出，高于设备基础 100mm，无设备基础时高出地面 100mm。 2. 无振动设备金属体直接与接地扁钢焊接，有振动设备应用软铜线与接地扁钢跨接，连接处螺帽紧固，平垫、弹垫齐全，连接点做好接地标识。	

4. 电气 工程	4.7 重点机房——给水（中水）泵房
4.7.2 控制线 接线	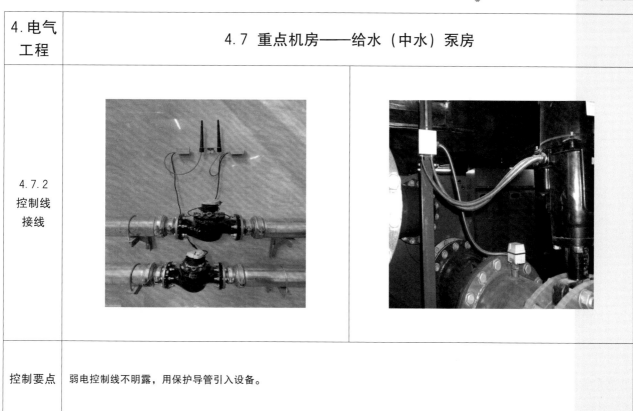
控制要点	弱电控制线不明露，用保护导管引入设备。

4.电气 工程	4.8 重点机房——消防泵房	
4.8.1 泵房配电 设备布置		 
控制要点	消防水泵控制柜设置在专用消防水泵控制室时，其防护等级不应低于 IP30；与消防水泵设置在同一空间时，其防护等级不应低于 IP55。	

4.电气 工程	4.8 重点机房——消防泵房
4.8.2 泵房设备 电源进线 做法	
控制要点	1. 落地式槽盒安装必须有专用支架（采用 12 号槽钢预埋）。 2. 槽盒末端重复接地、设备外壳接地牢固可靠，接地标识齐全；设备基础施工时应预埋 40mm×4mm 热镀锌接地扁钢，接地扁钢高出基础面 100～150mm，接地扁钢上应均匀涂刷黄绿色漆；成排设备的接地扁钢位置应该保持一致。 3. 采用防水槽盒漏斗、防止水直接进出设备接备接线盒。 4. 金属软管与槽盒、设备接线盒采用专用接头，连接牢固。

4.电气 工程	4.8　重点机房——消防泵房
4.8.3 设备接地	
控制要点	槽盒末端保护接地，设备基础、用电设备外露可导电部分的保护接地采用不小于6mm^{2}的黄绿色绝缘铜芯软导线进行可靠连接，导线应横平竖直，并应有标识。

4. 电气工程	4.8　重点机房——消防泵房
4.8.4 设备管道橡胶软接头跨接等电位联结	
控制要点	设备管道橡胶软（金属）接头的跨接等电位联结选用截面积不小于 $6mm^2$ 的黄绿色绝缘铜芯软导线，并应有标识。

4.电气 工程	4.8　重点机房——消防泵房
4.8.5 电机接线 做法	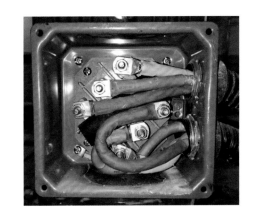 
控制要点	1. 电动机及电动执行机构的外露可导电部分必须与保护导体可靠连接。 2. 电气设备安装应牢固、不松动，螺栓及防松零件齐全且必须是热镀锌、镀铬件。 3. 防水防潮电气设备的接线入口及接线盒盖等应做密封处理。 4. 在设备接线盒内裸露的导体不同相间和相对地间电气间隙采取热缩绝缘管等绝缘防护措施。

4.电气 工程	4.8 重点机房——消防泵房
4.8.6 末端接线	
控制要点	消防组件弱电信号控制线槽盒及软管做法。

4.电气 工程	4.9 重点机房——采暖换热机房
4.9.1 电源进线、 设备等电 位联结	
控制要点	1. 末端设备连接滴水弯，软管长度不大于0.8m满足规范要求。 2. 成排设备的接地扁钢位置保持一致。 3. 槽盒末端保护接地、设备基础、用电设备外露可导电部分的保护接地联接采用截面积不小于$6mm^2$的黄绿色绝缘铜芯软导线进行可靠连接，导线应横平竖直，并应有标识。

4.电气工程	4.9 重点机房——采暖换热机房
4.9.2 镀锌管与电机接线安装	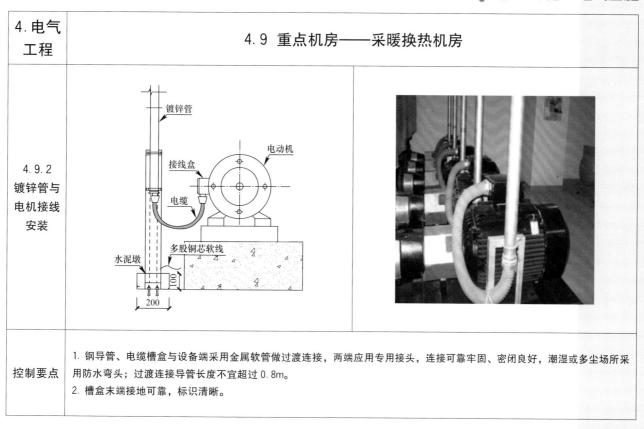
控制要点	1. 钢导管、电缆槽盒与设备端采用金属软管做过渡连接，两端应用专用接头，连接可靠牢固、密闭良好，潮湿或多尘场所采用防水弯头；过渡连接导管长度不宜超过 0.8m。 2. 槽盒末端接地可靠，标识清晰。

4.电气 工程	4.10 重点机房——新风机房
	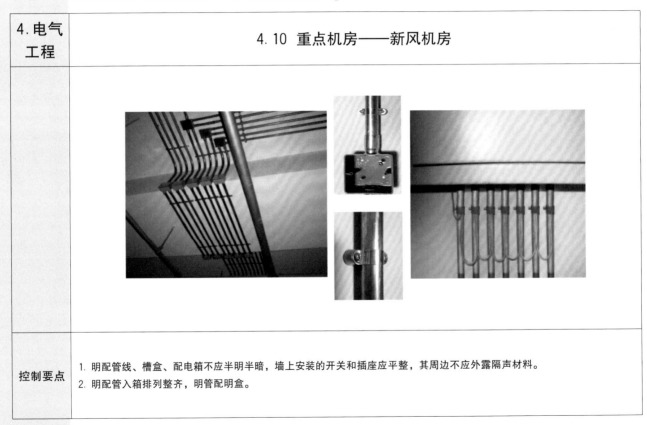
控制要点	1. 明配管线、槽盒、配电箱不应半明半暗，墙上安装的开关和插座应平整，其周边不应外露隔声材料。 2. 明配管入箱排列整齐，明管配明盒。

4. 电气 工程	**4.11　重点机房——弱电机房**
4.11.1 设备布置	
控制要点	主机房内和设备间的距离应符合规定：用于搬运设备的通道净宽不应小于 1.5m；面对面布置的机柜或机架正面之间的距离不应小于 1.2m；背对背布置的机柜或机架背面之间的距离不应小于 1m。

4. 电气工程	4.11 重点机房——弱电机房
4.11.2 弱电箱、柜配线	
控制要点	智能建筑系统的各种箱、柜安装端正，内部接线牢固，配线应整齐，不宜交叉，并应固定牢靠；线缆应绑扎整齐，顺直无扭绞，绑扎间距均匀，标识清晰。

4.电气 工程	4.11 重点机房——弱电机房
4.11.3 弱电箱、 柜配线 标识	 
控制要点	机柜（设备箱）上应有标明机柜（设备箱）名称（功能）及编号的标志，标志应准确、清晰、齐全。机柜内根据系统的不同应粘贴有系统图、设备排布图、点表等，线缆接入设备要选用合格的接插件并端接可靠，线缆的端部应做好标明端别、用途、编号的标识，标识应清晰、明显、不易褪色损坏。

4.电气 工程	4.11 重点机房——弱电机房
4.11.4 静电地板	1. 静电地板的铺设应在室内土建及装修完后进行；施工前认真检查地面平整度及墙面垂直度；布置在地板下的电缆、电器、空气等管道及空调系统应在安装地板前施工完毕；重型设备基座固定应完成，设备安装在基础上，基础高度应同地板上的表面完成高度一致。 2. 静电地板铺设前应弹线，将地板安装高度用墨线弹到墙面上，保证铺设后的地板在同一水平内；测量室内的长度、宽度及选择基准位置，并在地面弹出安装支座的网络格线，以保证铺设整齐、美观，同时尽量减少地板的切割。 3. 静电地板接地系统应由静电地板面层下设置的静电接地网（带）、接地干线、接地装置等组成，其接地电阻宜小于100Ω；静电接地网（带）与接地干线的连接必须牢固，每块地面的接地网（带）与接地干线的连接不应少于2处；超过100m² 的静电地板的接地网（带）应增加与接地干线的连接点。 4. 铜箔网与接地干线之间，应采用宽30mm、厚1mm 的铜箔过渡板连接，铜板的上端应与接地干线焊接或压接，铜板的下端应埋入静电地板面层之下，并与铜箔网锡焊；过渡连接板应可靠地固定在踢脚板上；铜带（网）的引出线与接地干线压接的接触面不应小于25mm²。

4. 电气工程

4.11 重点机房——弱电机房

4.11.4 静电地板

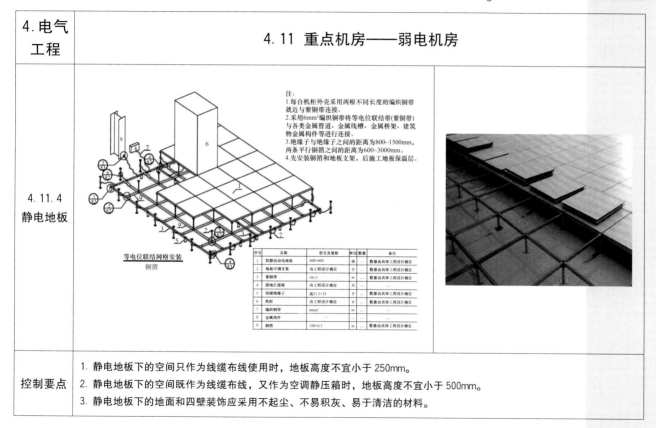

注:
1.每台机柜外壳采用两根不同长度的编织铜带就近与紫铜带连接。
2.采用6mm²编织铜带将等电位联结带(紫铜带)与各类金属管道、金属线槽、金属桥架、建筑物金属构件等进行连接。
3.绝缘子与绝缘子之间的距离为800~1500mm,两条平行铜箔之间的距离为600~3000mm。
4.先安装铜箔和地板支架,后施工地板保温层。

等电位联结网格安装
铜箔

序号	名称	型号及规格	单位	数量	备注
1	防静电活动地板	600×600	块	—	数量由具体工程设计确定
2	地板可调支架	由工程设计确定	个	—	数量由具体工程设计确定
3	紫铜带	30×3	m	—	—
4	接地汇接箱	由工程设计确定	只	—	—
5	钻铜绝缘子	高51.5×35	个	—	数量由具体工程设计确定
6	机柜	由工程设计确定	个	—	数量由具体工程设计确定
7	编织铜带	6mm²	m	—	—
8	金属构件	—	—	—	—
9	铜箔	100×0.3	m	—	数量由具体工程设计确定

控制要点

1. 静电地板下的空间只作为线缆布线使用时,地板高度不宜小于250mm。

2. 静电地板下的空间既作为线缆布线,又作为空调静压箱时,地板高度不宜小于500mm。

3. 静电地板下的地面和四壁装饰应采用不起尘、不易积灰、易于清洁的材料。

4.电气 工程	4.12 室外部分
4.12.1 防雷接地 检测点	
控制要点	1. 测试点设在专用箱、盒内，按设计要求位置设置，测试盒尺寸（180mm×160mm×250mm，1.5mm厚钢板）推荐采用门式开启。 2. 安装在石材墙面上的测试点，应位于石材的中心，安装端正，盒盖紧贴装饰面，标识清晰（白色底漆标以黑色标识），并做好"防雷接地测试点"的明显标识且统一编号。 3. 盒口整洁，防腐良好，有防、排水措施，位置应与外墙砖缝配合美观，门式开启。 4. 镀锌扁钢从上面（或后面）引入盒内（避免从侧面或者下面），采用搪锡处理，内部接地扁钢无锈蚀，M10×30镀锌螺栓、镀锌平垫、镀锌弹簧垫圈、蝶形螺母齐全。

4.电气 工程	4.12　室外部分
4.12.2 露天灯具 安装	
控制要点	1. 室外安装的壁灯应有泄水孔，且泄水孔应设置在灯具腔体的底部。绝缘台与墙面接线盒之间应有防水措施。 2. 露天安装灯具及其附件、紧固件、底座和与其相连的导管、接线盒等应有防腐蚀和防水措施。 3. 墙上固定灯具可采用打膨胀栓塞螺钉固定方式，不得采用木楔。 4. 安装在室外地面的灯具外壳防护等级应不低于 IP67。

4.电气 工程	4.12 室外部分
4.12.3 路灯安装	
控制要点	1. 灯具与基础固定应可靠,地脚螺栓备帽应齐全。 2. 埋地灯具、水下灯具及室外灯具的接线盒,其防护等级应与灯具的防护等级相同,且盒内导线接头应做防水绝缘处理。室外灯具防护等级不应低于 IP54,埋地灯具防护等级不应低于 IP67,水下灯具的防护等级不应低于 IP68。 3. 灯具的电器保护装置应齐全,规格应与灯具适配;灯杆的检修门应有防水措施,且闭锁防盗装置完好。 4. 灯具的外露可导电部分应按设计要求接地可靠,且应有标识。

4.电气工程	4.12 室外部分
4.12.4 无障碍设施金属栏杆接地	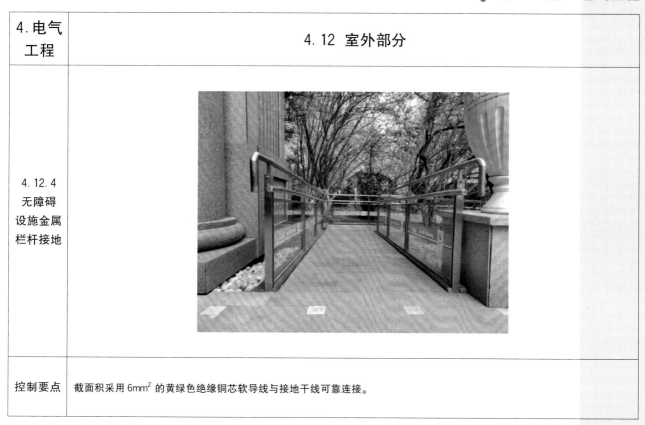
控制要点	截面积采用 $6mm^2$ 的黄绿色绝缘铜芯软导线与接地干线可靠连接。

4.电气 工程	4.12 室外部分	
4.12.5 室外 摄像机 安装	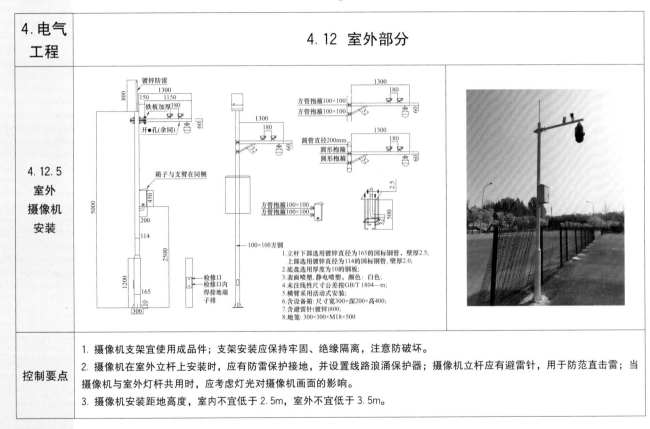 1.立杆下部选用镀锌直径为165的国标钢管,壁厚2.5; 上部选用镀锌直径为114的国标钢管,壁厚2.0; 2.底盘选用厚度为10的钢板; 3.表面喷塑,静电喷塑,颜色:白色; 4.未注线性尺寸公差按GB/T 1804—m; 5.横臂采用活动式安装; 6.含设备箱:尺寸宽300×深200×高400; 7.含避雷针(镀锌)800; 8.地笼:300×300×M18×500	
控制要点	1. 摄像机支架宜使用成品件;支架安装应保持牢固、绝缘隔离,注意防破坏。 2. 摄像机在室外立杆上安装时,应有防雷保护接地,并设置线路浪涌保护器;摄像机立杆应有避雷针,用于防范直击雷;当摄像机与室外灯杆共用时,应考虑灯光对摄像机画面的影响。 3. 摄像机安装距地高度,室内不宜低于 2.5m,室外不宜低于 3.5m。	

4.电气工程	4.12 室外部分
4.12.5 室外摄像机安装	
控制要点	1. 摄像机的接口是插拔式的网口，设备自带的成品线与设备连接，可使用 PVC 缠绕管进行保护。 2. 摄像机上应有设备标识，标识上应体现设备的名称、IP 地址等设备信息，便于检修维护。